新基建丛书

特高压实践
GIL 综合管廊的建设与维护

朱　超　王伟亮　何茂慧　邵　劲　王晓晴　编著

電子工業出版社

Publishing House of Electronics Industry

北京·BEIJING

内 容 简 介

本书基于苏通 GIL 综合管廊工程的建设与维护，论述 GIL 综合管廊建设与维护中的安全保障技术，可为类似的工程提供经验参考。本书共 9 章，除第 1 章外，第 2～4 章主要介绍 GIL 综合管廊建设安全技术研究，第 5～9 章主要介绍 GIL 综合管廊运维安全技术研究。

本书可供从事 GIL 综合管廊设计、施工建设及运维管理的科技人员阅读，也可作为高等院校相关专业师生的参考用书。

未经许可，不得以任何方式复制或抄袭本书之部分或全部内容。

版权所有，侵权必究。

图书在版编目（CIP）数据

特高压实践：GIL 综合管廊的建设与维护/朱超等编著. —北京：电子工业出版社，2023.1
（新基建丛书）
ISBN 978-7-121-44695-5

Ⅰ. ①特…　Ⅱ. ①朱…　Ⅲ. ①特高压输电－交流输电－电力工程－研究　Ⅳ. ①TM726.1

中国版本图书馆 CIP 数据核字（2022）第 239956 号

责任编辑：王　群
印　　刷：北京虎彩文化传播有限公司
装　　订：北京虎彩文化传播有限公司
出版发行：电子工业出版社
　　　　　北京市海淀区万寿路 173 信箱　邮编　100036
开　　本：787×1092　1/16　印张：10.25　字数：309 千字
版　　次：2023 年 1 月第 1 版
印　　次：2024 年 8 月第 5 次印刷
定　　价：88.00 元

苏通 GIL（Gas Insulated Metal-Enclosed Transmission Line，气体绝缘金属封闭输电线路，简称"GIL"）综合管廊工程是淮南—南京—上海工程的组成部分之一，全长约 5820m，是目前世界上电压等级（1000kV）最高、输送容量最大、技术水平最先进的超长距离 GIL 创新工程。可以说，苏通 GIL 综合管廊从建设到维护担负着多种安全使命：施工建设的安全、综合管廊的运维安全、超高压电力能源输送的安全等。

苏通 GIL 综合管廊是世界上第一个穿越长江的电力管廊，在地质勘察阶段发现，该管廊中约有 1500m 长的地层内有害气体含量较大，施工中存在有害气体泄漏的风险，因此从盾构机本体及施工车辆的防爆改造、有害气体的安全监测预警、瓦斯地层施工隧道的安全通风技术的优化，以及施工隧道地层内瓦斯气体抽排技术的优化入手，研究了长距离大直径盾构施工管廊、双风机双风筒高保障率的压入式通风系统，参照瓦斯煤矿开采中的电气技术搭建了施工期间管廊内的供配电系统，并制订了穿越有害气体地层盾构施工隧道的安全管理制度与措施。

GIL 综合管廊的建成，开启了我国超高压电力管廊安全运维的新篇章。为了全面、系统地对苏通 GIL 综合管廊建设与维护中的安全技术与管理经验进行总结，国网江苏省电力有限公司组织编写了本书。本书共 9 章，从 GIL 综合管廊建设安全技术到运维安全、智能化管理等多个方面进行了总结，可为今后综合管廊建设与维护中的安全保障工作提供具体参考，也可为能源行业电力管廊的安全建设与维护提供实践案例。

编著者

2022 年 1 月

CONTENTS 目 录

特高压实践：GIL 综合管廊的建设与维护

第 1 章
Chapter 1/ 绪　　论

1.1　GIL 综合管廊技术概述

1.1.1　电力管廊概述

在国内外城市电力建设中，以地下电缆取代传统的架空线缆已成为主流。相关统计表明，在世界现代化都市（如柏林、东京、大阪、哥本哈根等）中，地下输电线路的比例已经超过 70%。随着我国城市化建设的快速发展，城市地上空间留给架空线缆的空间越来越小，架空线缆给城市建设带来了局限和困扰。电力管廊（也称"电力隧道"或"电缆隧道"）是一种功能多样的电力电缆地下敷设方式，从功能的角度来看，其不占据城市地上空间，可根据实际需要对输送容量进行调整，提高了供电的可靠性；从运维的角度来看，采用地下电缆能够更方便地建立和维护供电网络。

建设电力管廊的必要性主要如下。

解决电力负荷高速增长和电力通道资源相对稀缺的矛盾。由于经济的高速发展，城市电力负荷屡创新高，随着城市人口密度的增加，土地资源变得越来越稀缺。将超高压、大截面电力电缆敷设在隧道内，可以有效解决城市电力通道资源稀缺的问题。另外，隧道功能相对独立，安全的运行环境可以满足电力电缆输送容量的要求。

满足城市绿色环保生存空间与高标准景观的需要。随着人们生活水平的提高，居民对城市景观、人文环境及社区环境有了更高的要求，架空线缆密布如网的情景，对城市景观来说是一种视觉污染，同时，当架空线缆与周边建筑间距过小时，其电磁辐射会对居民的健康造成一定的影响。

1. 电力管廊工程概况

巴黎在 20 世纪 60 年代已将 225kV 高压电通过电力管廊送入市中心。截至 2015 年，伦敦、波恩、汉堡等城市供电的地下率均已超过 95%；哥本哈根、柏林已将 400kV 输电线改为地下敷设；日本东京都会区内地下输电线路占全部输电线路的 85% 以上，部分 500kV 输电线也以 XLPE 电缆敷设于地下；澳大利亚也建设了电力管廊。由此可见，GIL 已在世界范围内获得广泛应用，线路的总长度超过 700km，全球 172～1200kV GIL 的安装长度饼状图如图 1-1 所示。

我国很多城市在电力管廊方面已经做了尝试，最早在 1983 年，上海市建成了长度为 100m 的万体馆电力管廊，用于支撑 2 回 110kV 充油电缆和 35kV 电缆，之后相继建成了 550m 打浦路 2 回 220kV 充油电力管廊、3033m 西藏路 12 回 220kV 电力管廊、世博站 3 回 500kV+10 回 220kV 电力管廊、虹杨站 3 回 500kV+4 回 220KV 和 1 回 500kV+10 回 220kV 电力管廊，建设总长度超过 42km。截至 2015 年，北京市电力管廊建设总长已超过 550km，17~220kV 输配电基本采用电力管廊的方式。深圳市按照《深圳市城市更新办法》，在 A、B、C、D 4 个区域规划建设电力管廊，现状 110kV 和规划 110kV、220kV 架空电力线全部进入电力管廊。

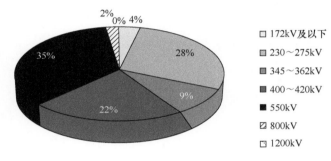

图 1-1　全球 172~1200kV GIL 的安装长度饼状图

总体来看，电力管廊长度和规模呈现增加和增大的趋势，建设规模也不断向着长度大、直径宽、运维手段不断完善的方向发展。虽然采用地下电缆线路的方式具有诸多优势，但电力管廊的初期建设费用较高，在很大程度上受线路敷设方式的影响，对运行中的故障诊断技术要求更高，并且会带来隧道消防安全等相关问题，需要在城市电力管廊应用中重点研究解决。

2. 电力管廊分类

电力管廊的敷设方式对工程造价有很大的影响。采用合理的线路规划方案和最佳的电缆敷设方式有利于节省工程土建费用，并可提高日后工程维护的便利性。由于电缆敷设属于地下工程，因此必然受到工程地质条件、电缆类型及电缆敷设数量的影响。

现有的敷设方式主要有直埋敷设、穿管式敷设、电缆沟敷设和盾构隧道敷设。对于大功率输电，一般采用盾构隧道敷设。该敷设方式可以满足多回电力线路同路径敷设的要求，也能够满足越来越大的输电功率需求，已经成为城市电力电缆敷设的主要发展方向。

电力管廊的形式和类别多种多样，从隧道来看，不同的隧道运行特点不同，重要性也不同。

1）按用途分类

（1）专用隧道：专供电力电缆敷设的隧道。

（2）共同沟：也称综合管沟，是地下城市管道综合走廊，是在地底设置的专供各种公用事业摆放各种管线的隧道。

（3）合用隧道：电力电缆和公路、铁路等市政交通设施共同使用的隧道。

2）按电压等级分类

（1）高压隧道：隧道内电缆电压等级都在 110kV 及以上。

（2）低压隧道：隧道内电缆电压等级都在 110kV 以下。

（3）高低压混用隧道：对隧道内电缆电压等级没有严格的规定。

3）按接入方式分类

接入方式指的是隧道两侧电力线路接入的形式。主要包括如下 3 种形式。

（1）两端均为变电站。

（2）一端为变电站，另一端为架空线接入。

（3）两端均为架空线接入。

在结构上，电力管廊一般采用钢筋混凝土结构。从结构断面来看，如图 1-2 所示，电力管廊的形式一般有 3 种：矩形型、三心拱直型和盾构管廊型。

电力管廊具有很高的建筑标准，可操作空间大，可以为其他后期可能铺设的管线预留位置，甚至可满足检修人员和设备的通行需求，这就为电力设施的检修维护提供了更为便捷的条件，对于缩短故障排查时间和提升施工安全性都非常有利。加之其具备良好的扩展性，电力管廊已经成为缓解城市输电线路拥堵的优良方案，具有广阔的发展前景。

3．特高压 GIL 型式及性能

GIL 是在 GIS（Gas Insulated Switchgear，气体绝缘开关设备）的基础上研发的气体绝缘金属封闭输电线路，在大规模离岸风电、核电、地下输电、变电站改扩建、特高压输电及复杂输电线路交叉跨越等特殊工程应用中，是架空线缆的有效替代方案。与 GIS 相比，

GIL 具有内部结构简单、安装灵活、单位造价低的特点。另外，GIL 设计方案有如下特点：盆式绝缘子要求内置，既可采用壳体内部的焊接法兰安装，也可采用壳体外部的连接法兰封装，即使盆式绝缘子破裂，仍能确保 SF_6 气体不外泄。

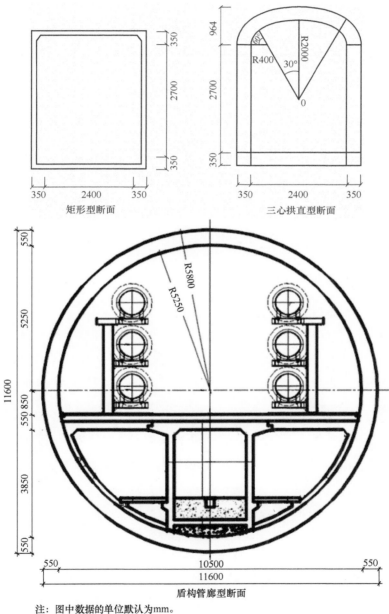

注：图中数据的单位默认为mm。

图 1-2　电力管廊结构断面

在特高压等级的 GIL 研究与应用方面，在规划设计苏通 GIL 综合管廊时，国内外尚未有成熟的产品和工程应用。在国外，仅有美国的 AZZ 公司研制过特高压 GIL，于 20 世纪 80 年代在美国的 Waltz Mill 试验站建成了当时世界上唯一的 1200kV 特高压 GIL 试验线段，两期工程单相长度合计 420m，额定电流为 5000A，采用纯 SF_6 气体绝缘，技术参数如表 1-1 所示。1990 年，委内瑞拉 Edelca 公司在古里水电站的 GIL 供货电压达到 1200kV，额定电压为 800kV，单相长度达到 348m，但其额定电流只有 1200A，不能称为真正意义上的特高压 GIL。

表 1-1　美国 AZZ 公司特高压 GIL 技术参数

工程位置	额定电压（kV）	额定电流（A）	长度（m）	绝缘介质	管道直径（mm）	短路电流（kA）
美国 Waltz Mill 试验站	1200	5000	420	纯 SF_6 气体	900	100/3

近年来，随着特高压输电技术的持续进步，国内开始关注特高压 GIL 的技术研究和工程应用，开展了特高压交流 GIL 技术研究和样机研制工作。平高集团（全称为"平高集团有限公司"）、西开电气（全称为"西安西电开关电气有限公司"）和新东北电气（全称为"新东北电气集团有限公司"）分别开展了采用纯 SF_6 气体绝缘的特高压交流 GIL 样机研制工作。

目前国内特高压 GIL 产品的主要生产厂家是西开电气、平高集团和新东北电气，均采用纯 SF_6 气体绝缘技术，现有产品的性能参数如下：特高压 110kV、工作电流 8000A、单位长度发热功率 220.8～323.2W/m、单相长度壳体外径 900mm，双道密封，年泄漏量极少。

20% 的 SF_6 与 80% 的 N_2 混合使用，可大大减少 SF_6 的使用量，降低成本，但还须研究绝缘特性、分层、回收等问题，并关注载流能力降低的影响。

1.1.2　苏通 GIL 综合管廊工程概况

苏通 GIL 综合管廊基本情况如下：额定电压为 1000kV，上层敷设两回 1000kV GIL，单相长度达 5.8km，下层为两回 500kV 电缆及市政通用管线隧道。苏通 GIL 综合管廊是全球目前电压等级最高、输电容量最大、技术含量最高的气体绝缘交流输电工程，也是首次将特高压交流 GIL 技术应用于重要输电通道的 GIL 工程。

苏通 GIL 综合管廊工程位于 G15 沈海高速苏通长江大桥上游西侧 600～1200m 处，采用隧道过江方式，综合管廊自南岸（苏州）始发工作井向北，在苏通大桥展览馆东侧穿越后，下穿南岸长江大堤进入长江河道，依次穿过常熟港专用航道、深槽宽口末端部分、长江主航道及南通营船港专用航道，而后下穿长江北岸大堤，抵达北岸（南通）接收工作井，线位距江中深槽下游约 384m，标高为 -40m 以下的深槽槽宽约为 50m。综合管廊结构最低点标高为 -74.83m，最大设计水压为 0.80MPa，外径为 11.6m，盾构段总长度约为 5468m。

苏通 GIL 综合管廊工程陆域部分及水域部分地貌单元分别为长江河漫滩和长江河床。近年来，综合管廊穿越长江工程已取得了许多成功的经验，但也遇到了很多棘手的问题，浅层沼气是主要问题之一。

苏通 GIL 综合管廊工程主要包括南岸工作井（含综合楼）及施工通道、北岸工作井（含综合楼）、江中盾构隧道土建工程，设计范围内永久工程长度为 5528.545m，包括盾构段 5468.545m、南岸盾构工作井 30m、北岸工作井 30m，施工通道为临时工程，长度为 220.166m，盾构直径为 12.07m，管廊内直径为 10.5m。

1.2　GIL 综合管廊区域内有害气体勘探情况

有害气体隧道段位于长江水域，南起常熟港专用航道（DK0+700），北至长江深槽南缘（DK1+720），泥面高程为 -14.8～-3.3m。

长江深槽以南隧道段下部地层存在生物成因浅地层天然气（沼气），主要成分为甲烷（CH_4，占比为 85%～88%）、氮气（N_2，占比为 8%～10%）、氧气（O_2，占比为 2%～3%）。该段地层拥有良好的沼气储/盖条件，储气层为砂/粉土层④1、④2、⑤1、⑦2，盖层为黏性土层③、④1。试验测得关井气体压力为 0.25～0.30MPa，估算沼气压力不大于其上所覆水土压力之和，属于正常压力系数，估计为 0.4～0.6MPa，地层内沼气未大面积连片，以团块状、囊状局部积聚分布，静探测定单个储气量最大约为 5m³，沼气有向上、向盖层底部集中的趋势。

根据有害气体探测报告，苏通 GIL 综合管廊通风分区如下。

（1）长江南岸工作井到前进 2000m（DK1+1000m）的区域，为稀释有害气体通风区域。

（2）前进 2000m 到长江北岸接收井，为正常施工通风区域。

1.3 建设运行安全保障技术

综上所述，苏通 GIL 综合管廊的建设运行安全保障技术分为如下 2 类：建设期安全关键技术、运行期安全维护技术。

根据有害气体勘察情况及安全预评价报告，苏通 GIL 综合管廊建设期安全关键技术主要内容如下。

（1）穿越有害气体地层长距离管廊盾构施工通风。

（2）有害气体抽排。

（3）施工设备及电气安全防爆。

（4）有害气体安全监控。

（5）专项管理。

根据 GIL 电力技术的特点，苏通 GIL 综合管廊运行期安全维护技术主要内容如下。

（1）消防安全。

（2）运行安全通风及节能。

（3）运行环境监控。

（4）运行通风。

（5）安全防范。

（6）安全疏散及避难。

（7）安全防汛。

第 2 章
Chapter 2/ 安全通风关键技术

2.1 有害气体地层下隧道通风技术

2.1.1 盾构隧道内的污染物及危害

地面空气在进入施工隧道后，其成分和性质会发生一系列变化，如氧浓度降低，二氧化碳（CO_2）浓度增加；混入各种有毒气体、有害气体和粉尘；状态参数（温度、湿度、压力等）发生改变等。

一般来说，隧道中未经过用风地点、受污染程度较轻的进风系统内的空气，称为新鲜空气（新风）；经过用风地点、受污染程度较重的回风隧道内的空气，称为污浊空气（乏风）。新鲜空气的主要成分是氧、氮和二氧化碳。污浊空气中一般含有大量有毒有害气体，如一氧化碳（CO）、二氧化氮（NO_2）、二氧化硫（SO_2）、硫化氢（H_2S）等。对盾构隧道而言，在封闭的施工环境中，前端掘进产生的生产废料直接经管道输送至洞外，无直接粉尘产生。主要的有害物是突发事故地层内泄入的有害物及隧道内施工设备与工作人员排出的污染物。

盾构隧道内燃油机车会排出一定的烟气与粉尘，同时，焊接施工会产生一定的金属氧化物颗粒。人体新陈代谢产生的主要污染物的主要成分为二氧化碳。由此可总结出盾构隧道内主要的污染成分为甲烷（CH_4）、一氧化碳、二氧化碳、碳氢化物和氮氧化物、飘尘、蒸发性气体、氧化铁（Fe_2O_3）与二氧化硅（SiO_2）等焊接烟尘。

甲烷为无色、无臭的易燃气体，在超过爆炸极限浓度后，会产生爆炸危害。甲烷本质上不是致癌物，对人体没有影响，但高浓度的甲烷会导致人感到头疼、头昏、困乏、精力不集中、心率加快、脑济失调乃至窒息。

一氧化碳是一种无色、无味、无臭的气体，相对密度为 0.97，微溶于水，能与空气均匀地混合。一氧化碳能燃烧，浓度在13%～75%时有爆炸危险；一氧化碳与人体血液中血红素的亲合力比氧大 150～300 倍。一氧化碳在进入人体后，首先与血液中的血红素结合，减少了血红素与氧结合的机会，使血红素失去输氧功能，从而造成人体血液"窒息"。一氧化碳在随空气被人体吸入后，通过肺泡进入血液循环，与血液中的血红蛋白（Hb）及血液外的其他某些含铁蛋白质（如肌红蛋白、二价铁的细胞素等）形成具有可逆性的结合。由于其与血红蛋白的亲和力要比氧与血红蛋白的亲和力大 240 倍，因此会把血液内氧合血红蛋白中的氧排挤出来，形成碳氧血红蛋白（HbCO）；又由于碳氧血红蛋白的离解比氧合血红蛋白（HbO_2）的离解慢 3600 倍，故前者比后者更稳定。

二氧化碳是无色、略带酸臭味的气体，比重为 1.52，很难与空气均匀混合，故常积存在隧道的底部，在静止的空气中会产生明显的分界。二氧化碳不助燃也不能供人呼吸，易溶于水，生成碳酸，使水溶液呈弱酸性，对眼、鼻、喉黏膜有刺激作用。新鲜空气中微量的二氧化碳对人体是无害的；如果空气中完全不含二氧化碳，则人体的正常呼吸功能无法维持。

对于绝大多数的碳氢化物，当大气中的含量不高时，对人体健康不会造成直接的危害，但是也存在少量的碳氢化物（如因燃料不完全燃烧而生成的 3,4-苯并芘等），即使在大气中含量少、浓度低，也会致癌。另外，苯、甲苯、二甲苯等碳氢化物在浓度较高时也容易诱发人体的畸变和癌变，对人体造成严重伤害。甲烷等一些气态的碳氢化物对大气造成的污染是导致"温室效应"的原因之一。一些碳氢化物在一定条件（如和大气中的氮氧化物、臭氧等混合存在并有阳光照射）下还会转化成次生污染物并导致有害的光化学烟雾的产生。危害极大的是多环芳烃（一类芳香族烃类化合物），它是已经被科学家证实的一类可致突变和致癌的有机污染物。

氮氧化物在遇到水或水蒸气后能生成一种酸性物质，会对绝大多数金属和有机物造成腐蚀性损坏；它还会灼伤人和其他活体组织，使活体组织中的水分遭到损坏，发生腐蚀性化学变化；它在和血液中的血红蛋白结合后，会使血液缺氧，引起中枢神经麻木；在被吸入气管后会产生硝酸，损坏血液中的血红蛋白，破坏血液输氧功能，造成严重缺氧。研究发现，在二氧化氮污染区内，人的呼吸机能会下降，氮氧化物中的二氧化氮可引起咳嗽和咽喉痛，假如再加上二氧化硫的影响，会加剧支气管炎、哮喘病和肺气肿，使呼吸器官的发病率增高。在与碳氢化合物一起经太阳紫外线照射后，会生成一种有毒的气体——光化学烟雾。这些光化学烟雾能使人的眼睛红痛、视力减弱，使人感到呼吸困难、头痛、胸痛、全身麻木，使人患肺水肿，甚至危及生命。

焊接烟尘中的主要有害物质为氧化铁、二氧化硅、氧化锰（MnO）、氟化氢（HF）等，其中含量最多的为氧化铁，一般占烟尘总量的 35.56%，其次是二氧化硅，占 10%～20%，氧化锰则占 5%～20%。这些有害物质会导致许多疾病的出现，如肺癌、哮喘、湿疹、支气管炎、皮肤过敏、呼吸道感染等，重则紊乱中枢神经、破坏消化系统，导致并发症而使人死亡。

飘尘中含有烟气、大气尘埃、纤维性粒子及花粉，其中直径小于 10μm 的微粒称为可吸入颗粒物，其可被吸入并停留在呼吸道中，造成肺癌。按质量计，大气尘中的可吸入颗粒物占 72%，工业过程产尘中的可吸入颗粒物占 30%。

国家对公共环境的安全健康日益关注，施工企业必须将作业环境的安全健康、施工质量、企业效益紧密结合，研究实施安全、经济、高效的安全保障技术。隧道施工独头掘进距离越来越长，地质环境越发多样化，遇到的新问题越来越多，通风系统的重要性日益增大。

2.1.2 国家相关规范

（1）《煤矿安全规程》 国家安全生产监督管理总局令〔2016〕第 87 号

（2）《公路隧道通风设计细则》 JTG/T D70/2-02—2014

（3）《盾构法隧道施工及验收规范》 GB 50446—2017

（4）《铁路隧道设计规范》 TB 10003—2016

（5）《公路瓦斯隧道设计与施工技术规范》 JTG/T 3374—2020

（6）《煤炭工业矿井设计规范》 GB 50215—2015

（7）《工业建筑供暖通风与空气调节设计规范》 GB 50019—2015

（8）《爆炸性气体环境用电气设备》 GB 3836.14—2000

（9）《煤矿井工开采通风技术条件》 AQ 1028—2006

（10）《煤矿瓦斯抽采工程设计标准》 GB 50471—2018

2.2 穿越瓦斯地层综合管廊通风技术

苏通 GIL 综合管廊上方为长江，顶部淤泥层内经探测有甲烷等有害气体存在，管廊内有施工作业人员 30 人、特种燃油机动车 19 辆，盾构机驱动功率为 3000kW，总装备功率为 6155kW，隧道内径为 10.5m，盾构直径为 12.07m，盾构总长为 5468.5m，并且有上下坡的转换，最低处海拔为 -74.83m，与江南工作井处的高度差超过 50m。根据国家相关的隧道施工规范、矿山施工规范、国家安全规程等研究安全通风技术。

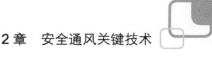

2.2.1　通风目的

管廊施工期间通风的主要目的如下。

（1）给隧道内的作业人员提供足够的新鲜空气。

（2）稀释并排出各种有害气体和粉尘。

（3）调节隧道内空气的温度、湿度。

（4）创造良好的作业环境，为保证施工安全、施工质量、施工进度奠定基础。

此外，参考《煤矿安全规程》的规定，在瓦斯释放量超过 $3m^3/min$ 时，需要考虑专设瓦斯抽排设施。根据苏通 GIL 综合管廊盾构施工的特点，其泥浆循环系统是有害气体释放的主要通道，因此管廊内压入通风的主要目的是稀释管路泄漏的少量有害气体。对于泥浆排渣与泥浆循环系统的泥浆池、沉淀池等相关设施，必须强化管理与监测，监控通风系统的风压、风量，实时调整风机功率，保证风口出风速度与风量，强制稀释/吹散积聚的瓦斯等有害气体。

2.2.2　通风方式

根据国内外隧道与井下巷道施工通风的案例，在管廊施工通风中，主要的通风方式有抽出式通风、压入式通风、混合式通风，以及将施工通道（安全通道）作为进风或者回风通道的通风方式。苏通 GIL 综合管廊施工斜坡通道的长度仅为 200m，没有其他与管廊施工同步的安全通道，因此主要采用前 3 种（使用风筒通风的）方式。

1. 抽出式通风

抽出式通风把通风机安装在盾构机后方的地面上（见图 2-1），管廊内的工作环境对通风机的运行安全无影响。新鲜风流沿管廊工作井流入，污浊风流通过负压（刚性）风筒由通风机排出。在抽出式通风中，污浊空气必须通过局部通风机，极不安全。抽出式通风有效吸程小，排出工作面烟尘的能力较差；但由于污浊空气从风筒排出，不污染隧道中的空气，故劳动卫生条件好。抽出式通风只能使用刚性风筒或带刚性圈的柔性风筒，施工难度大，刚性风筒存在的问题是安装困难，安装施工慢，会影响通风。

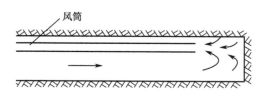

图 2-1　抽出式通风示意

2．压入式通风

通风机和启动装置安装在施工隧道之外的地面清洁环境处，轴流风机把新鲜风流经风筒压送至盾构工作面，污浊风流沿管廊排出，如图 2-2 所示。在压入式通风中，因为局部通风机安设在新鲜风流中，通过局部通风机的风流为新鲜风流，故安全性高。压入式通风的风筒出口射流的有效射程大，排出工作面有害气体和瓦斯的能力强。压入式通风可以使用柔性风筒。在进行压入式通风时，污浊空气沿隧道流动，劳动卫生条件较差，而且排出污浊空气的时间较长。当压入距离较长时，需要串联风机，在中间段，串联风机易导致污浊空气与新鲜空气的混流，而且风机串联运行的操作控制更复杂。

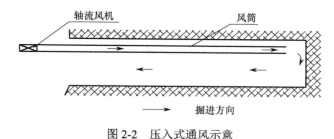

图 2-2　压入式通风示意

3．混合式通风

混合式通风指抽出式通风与局部送风系统结合的通风方式，如图 2-3 所示，有长压短抽与长抽短压 2 种方式。在长压短抽方式中，施工隧道内的污浊空气会污染整个隧道，与压入式通风相比，无法改善隧道内空气质量。长抽短压又分为前压后抽式与前抽后压式，其中前压后抽式主要用于有轨运输施工的隧道。

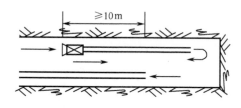

图 2-3　混合式通风示意

2.2.3　通风方案的确定

1. 苏通管廊施工中通风工程存在的难点

（1）单向盾构施工长度达 5468.5m，施工距离长，隧道处于水体下部，隧道中间部位无法设排风井道。

（2）隧道断面尺寸大，水体下部岩体湿度大，散湿量大，瓦斯或其他有害气体涌出后排至管廊空间的量未知（勘测报告中的涌出量为 67m³/min），但通风量必须达到安全可靠的水平。

（3）根据煤炭现行相关规范与《煤矿安全规程》计算的通风量较大、风压大，使得风筒及接口处漏风量大（百米漏风率约为 1.5%），风机总风量为末端出风量的 2.2 倍；采用进口（单支长 100m）的涂敷布风筒，接口使用拉链连接，拉链连接处采用内外风帘，平均漏风率为 10mm²/m²，相当于百米漏风率达到 0.6%，风机总风量为末端出风量的 1.4 倍。由于需要长距离输送，管路的弯头处局部阻力大，沿程风阻大，所以为达到规定的送风量，必须加大风筒直径或者采用双风筒送风，投资大。

（4）在中初期，探测到有瓦斯，送风量要比无瓦斯隧道大；在中后期，虽然未探测到瓦斯，但出于安全考虑及降温除湿的要求，掌子面送风量不能减少。

2. 有害气体进入隧道的途径分析

苏通 GIL 综合管廊工程采用泥水平衡盾构机施工，所用盾构机是掌子面全封闭型盾构机，从其设计原理上讲，在施工过程中，盾构机外部土壤及其所含的所有物质均无法进入盾构机内部和隧道内部，而是通过管路由泥浆直接携带出隧道，在泥水分离设备处接触室外大气。从工程本质安全的角度来看，选用泥水平衡盾构机是一项本质安全措施。但是，详细分析此盾构机的施工原理可发现，它属于气垫平衡式泥水平衡盾构机，局部仍存在外界气体可能进入隧道的途径（见图 2-4），具体如下。

（1）在盾尾密封处，气体有极小可能缓慢渗入。

（2）在开挖时，微小气泡溶于泥浆，在进入气垫仓、流向出浆口的过程中，部分气泡可能会在气垫仓内上升，部分有害气体混入气垫仓内的压缩空气；在由 Samson 系统控制自动排气的过程中，该部分气体会进入隧道。

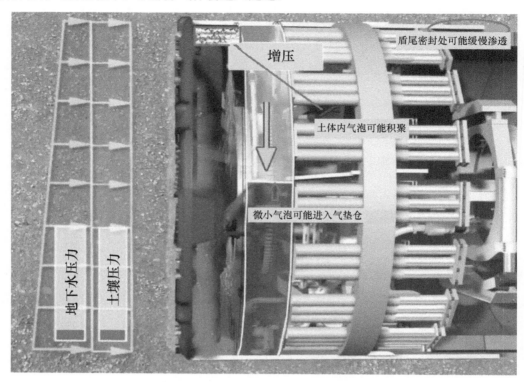

图 2-4　有害气体进入隧道的可能途径示意

（3）虽然在掘进过程中，开挖仓内泥水压力略高于外部，泥浆会在刀盘周边土体内形成渗透带，提前将原状土内的空隙水/气排出至一定范围，但在实际开挖过程中，受多种因素影响，如不能完全实现预期状态，开挖时释放的气体将在开挖仓顶部积聚。根据气垫平衡式泥水平衡盾构机的原理，开挖仓顶部不能有大范围气体积聚，为此，在开挖仓顶部设置有一条放气管道（原用于气垫仓向开挖仓缓慢泄漏气体），需要周期性地检查该处是否有气体积聚，若有，则采取放气措施，若不采取放气措施，则有害气体将进入隧道内部。

（4）盾构机在换刀具时会释放其内部空腔中的少量瓦斯；此外，在盾构机进尺一定距离后，需要拆换尾部泥浆软管并安装无缝钢管，这两种情况会引起有害气体的局部积聚。

（5）盾构泥浆循环系统可能将地层内有害气团中的部分气体吸入管路，通过管路排至地面，使得管廊内管道连接法兰处有一定的气体泄漏，同时，地面回浆池的回浆管出口处会有甲烷积聚。

3．有害气体应对措施及安全通风方案

针对上述分析，在通过有害气体地层时，需要在施工工艺与安全通风系统、有害气体监测、瓦斯抽排与电气防爆设计等方面分别做出应对措施与专项方案。

在施工中，施工单位要尽可能采取先决措施：保持泥浆持续向地层渗透，在泥膜（渗透带）"边生成边切削破坏"的开挖过程中，始终使泥膜维持一定厚度，即其生成速度要略大于开挖速度，同时确保盾尾密封保持良好状态。

综合管廊内涌入有害气体的途径、通风运行成本与安全管理等因素，管廊内优先以地面通风机压入式通风为主导，同时在有害气体易积聚的局部位置设置局部排风设施。地面泥浆系统作为有害气体易积聚点，设置专门的稀释通风系统与有害气体监测系统及隔离设施。

另外，压入式通风的风量和风阻较大，单台风机无法满足要求，需要采用双风机双风筒的并联送风系统；随着管廊施工的深入，送风距离逐渐增加，风机风量与风阻随之增大，并且有害气体地层存在于施工中前期，穿越地层分为含瓦斯地层与未探测到瓦斯地层，因此压入式通风应分区域通风，还可在掌子面或盾构机尾部设置局部通风系统以强化通风效果。

盾构施工管廊的通风方案如下。

（1）工作井开凿期：单风机单风筒压入式通风。

（2）盾构隧道段压入式双风机双风筒送风（DK0+700 之前）：根据瓦斯探测浓度，实施一台风机运行、另一台风机备用的工作策略。

（3）盾构隧道段压入式双风机双风筒通风（DK0+700 至 DK1+720，瓦斯探测赋存量较大的区域）：风机变频运行，回风平均速度为 0.5m/s，以风量为基准来调节电机频率。

（4）盾构隧道段长距离压入式双风机双风筒送风（DK1+720 之后，施工距离大于2000m）：定风量变频运行，保证含瓦斯地层的管廊内的回风平均速度不低于 0.5m/s（DK0至 DK1+720），实现风机节能。施工管廊通风系统简图如图 2-5 所示。

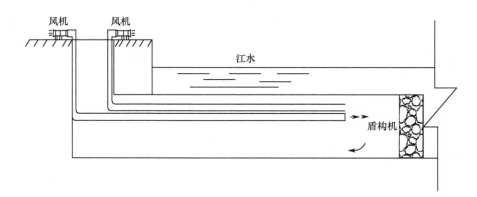

图 2-5 施工管廊通风系统简图

（5）地面回浆池的回浆管出口处可能有甲烷积聚，可设置瓦斯监测报警系统，或者设置便携式瓦斯监测仪以进行流动监测。

（6）在盾尾、泥浆管换管处、刀盘仓、汽水平衡气囊放气处等设置局部通风系统，吹排、稀释有害气体。

（7）主风机选用法国进口 ECE 双风机，进行并联压入式通风；风筒采用进口 1.5m 直径柔性三防风筒，双风筒单级送风。

2.3 综合管廊通风系统设计与实践

2.3.1 气象参数

根据《工业建筑供暖通风与空气调节设计规范》（GB 50019—2015）的气象统计资料，得到常熟市通风设计的气象参数，具体如下。

冬季大气压：1024.1hPa。

冬季室外采暖计算干球温度：−13.1℃。

冬季通风室外计算温度：3.7℃。

冬季空调室外计算干球温度：−2.5℃。

冬季空调相对湿度：77%。

冬季室外平均风速：4.8m/s。

冬季最多风向：N。

冬季最多风向：SE；频率：10%。

夏季大气压：1003.7hPa。

夏季空调室外计算干球温度：34.4℃。

夏季通风室外计算温度：31.3℃。

夏季空调室外计算湿球温度：28.3℃。

夏季通风室外相对湿度：70%。

夏季室外平均风速：3.9m/s。

夏季最多风向：SE；频率：15%。

典型年日干球温度分布与典型年最热月干球温度分布分别如图 2-6 和图 2-7 所示。

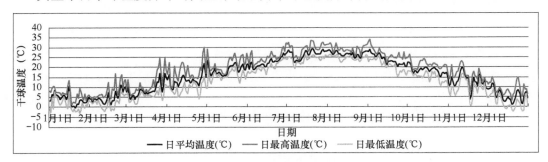

图 2-6　典型年日干球温度分布

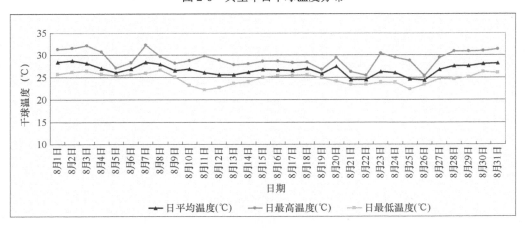

图 2-7　典型年最热月干球温度分布

2.3.2　通风量

管廊及工业通风的主要目的是消除有害气体、粉尘、热害的影响，以及满足人体健康的需氧量要求，选择其中的最大风量作为通风系统的风量。在苏通 GIL 综合管廊通风设计中，按照规范要求分别计算 5 种情况下的通风量，取其中的最大值作为通风系统的风量设计值。

（1）按排尘风速计算通风量。

$$Q=V \cdot A \tag{2-1}$$

式中，V——允许最低风速，取 0.3m/s；

A——施工隧道横断面积（m^3）。

$$Q=60 \times 0.3 \times 3.14 \times (10.5 \div 2)^2 = 1557.8325 \approx 1557.84（m^3/min）$$

（2）按稀释有害气体浓度计算通风量。

根据前文分析，盾构施工管廊内主要是泥浆管路持续存在泄漏，而管片、换刀处、盾尾泄漏属于非连续或极端情况，因此主要计算由管廊内泥浆管路泄漏引起的有害气体溢出。

$$Q = \frac{Q_{CH_4}}{B_C - B_{PC}} \cdot K \tag{2-2}$$

式中，Q_{CH_4}——掌子面瓦斯涌出量（m^3/min）；

V——管廊内泥浆管最大容积（m^3）；

B_C——工作面允许甲烷浓度，取 0.5%；

B_{PC}——送入工作面的风流中的甲烷浓度，取 0%；

K——瓦斯涌出不均衡系数，取 1.5。

在无相关实测数据时，考虑泥浆管路泄漏的流体全部为有害气体，进而计算瓦斯泄漏量。假定泥浆管路有害气体的溢出量与泥浆的泄漏量相等，参照城镇供热规范中供热管道漏水量的计算方法，每小时泄漏于管廊内的有害气体的体积为管路总流体容量的 1%，另外，由于压力由 0.9MPa（地层最大压力）减小至 0.1MPa（一个大气压），并且瓦斯气体的温度不变，因此由理想气体状态方程可知，掌子面瓦斯涌出量（容积膨胀至原来的 9 倍）为

$$Q_{\mathrm{CH_4}} = 1\% \times 9V \tag{2-3}$$

经计算，掌子面瓦斯涌出量与管廊内所需通风量分别为

$$Q_{\mathrm{CH_4}} = 1\% \times 9V = 0.01 \times 9 \times 3.14 \times (0.4 \div 2)^2 \times 5500 \times 2 = 124.344 \ (\mathrm{m^3/h})$$

$$= 2.0724 \ (\mathrm{m^3/min})$$

$$Q = 2.0724 \times 1.5 \div (0.5\% - 0) = 621.72 \ (\mathrm{m^3/min})$$

（3）因为缺少具体参考数据，所以稀释有害气体的通风量根据《煤炭矿井设计规范》进行计算。

根据《煤炭矿井设计规范》7.1.4 条，抽排瓦斯专用巷道的风速不得低于 0.5m/s。因此按照稀释瓦斯的最低风速 0.5m/s 计算，稀释瓦斯的通风量为

$$Q = 60 \times 0.5 \times 3.14 \times (10.5 \div 2)^2 = 2596.3875 \approx 2596.4 \ (\mathrm{m^3/min})$$

（4）按照盾构机内置风机通风量计算。

盾构机送风机的风量为 20～31m³/s，风压为 700～1520Pa，所接硬质通风管的直径为 800mm，有 2 个约 30°的弯头，长度为 95m。

根据假定流速法，计算盾构机内置风机的通风量。风速为 40m/s，为高速通风管路，单位长度比摩阻为 13Pa/m，沿程阻力（摩擦阻力）为 1235Pa；2 个弯头的局部阻力系数为 0.16，局部阻力为 281.6 Pa。

盾构机内置通风系统的总阻力为

$$\Delta P = \Delta P_{\mathrm{Y}} + \Delta P_{\mathrm{J}} = 1516.6 \ (\mathrm{Pa})$$

式中，ΔP_{Y}——沿程阻力（Pa）；

ΔP_{J} ——局部阻力（Pa）。

基于计算结果，根据风机理论和风机铭牌参数可判断，盾构机内置风机的通风量为 20 m³/s（1200m³/min），压入风量必须大于盾构机内置风机的引风量。

（5）按照满足管廊内施工人员的需氧量所供应的通风量。

根据《煤矿安全规程》第 138 条，每人每分钟的需风量不小于 4m³/min ，施工人员

共 30 人，由其计算的供风量为

$$Q=30×4=120（\text{m}^3/\text{min}）$$

比较由以上 5 种方法计算得到的通风量大小，取最大值 2596.4m³/min 作为设计值。

2.3.3　主通风系统风阻

当通风量较大时，为减小风阻以增强通风安全系数，根据相关规范，选用双风机双风路并联送风，选用直径为 1500mm 的风筒，每支的风量为 173076m³/h（约 48.08m³/s）。通风风筒可采用刚性风筒和柔性风筒，刚性风筒包括钢板风筒与玻璃钢风筒（见图 2-8）。由于通风系统的管路较长，靠近风机出口端的风压较大，并且在工作井内易受到碰撞，因此风机出口到入管廊 50m 处选用钢板风筒（1.5m/根），厚度为 3mm，采用法兰连接；管廊内选用柔性胶布风筒（三防），其易于连接，可采用管箍连接、拉链连接、法兰连接（与刚性风筒相接时）等连接方式，如图 2-9 所示。

图 2-8　玻璃钢风筒

通风系统总风阻为 7480.1Pa，含瓦斯地层管廊内回风速度不小于 0.5m/s，设计中按照管廊内 4500m 处回风速度维持 0.5m/s，之后通风量不变，则 DK4.5 至 DK5.4 段内回风速度略为减少（约为 0.45m/s），可以确保满足除尘、排除汽车尾气、达到管廊内工作人员需氧量的要求。

施工隧道不同距离处各通风系统理论风阻与风量如表 2-1 所示，送风距离与风压、风量的关系如图 2-10 所示。

（a）柔性胶布风筒

（b）管箍连接

（c）拉链连接

图 2-9 柔性胶布风筒及 2 种连接方式

表 2-1 施工隧道不同距离处各通风系统理论风阻与风量

距离（m）	风量（m³/s）	总阻力（Pa）	管径（mm）	备注
100	29.50	571.30	1500	50m 钢板风筒
500	28.14	1173.00	1500	柔性风筒
1000	27.30	1987.00	1500	柔性风筒
1500	26.49	2847.40	1500	柔性风筒
2000	25.69	3551.30	1500	柔性风筒
2500	24.92	4198.90	1500	柔性风筒
3000	24.17	4744.26	1500	柔性风筒

（续表）

距离（m）	风量（m³/s）	总阻力（Pa）	管径（mm）	备注
3500	23.45	5355.41	1500	柔性风筒
4000	22.74	5905.78	1500	柔性风筒
4500	21.60	6402.49	1500	柔性风筒
5000	20.52	6850.63	1500	柔性风筒
5400	19.50	7229.80	1500	柔性风筒

注：此处"距离"是指自风机出口沿通风管道的长度，"风量"为风筒内风量或者对应位置的管廊断面风量。

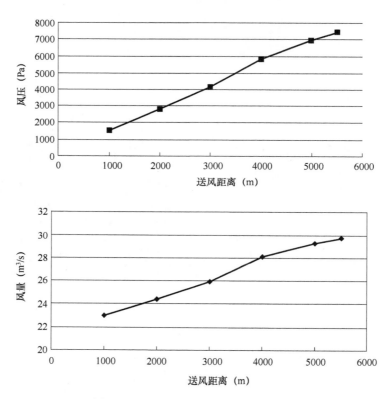

图 2-10　送风距离与风压、风量的关系

选择 ECE 风机，型号为 T2.140.4×75.4，共 2 台，其性能曲线图（法国风机厂商设计计算的风压与风量匹配的风机性能曲线）如图 2-11 所示。风机采用变频控制，可节省用电。匹配进口风机的直径为 1400mm，4 级风机，单级电机功率为 75kW；风机风量为 30m³/s，风压为 7675Pa，顶部回风平均速度在设计工况下达 0.45m/s，与设计计算值较为吻合。

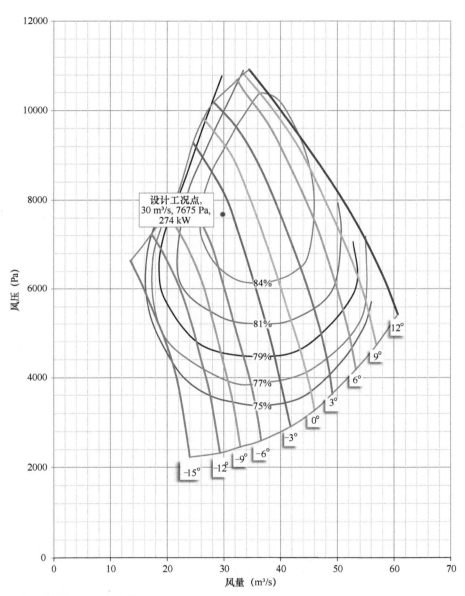

注：空气密度为 1.24kg/m³。

图 2-11　T2.140.4×75.4 风机性能曲线

2.3.4　主要设备材料

主要设备材料如表 2-2 所示。

表 2-2　主要设备材料

序号	设备	参数	数量	备注
1	ECE 风机（T2.140.4×75.4）	功率为 4×75kW，风量为 30m³/s，风压为 7675Pa	2 台	进口，变频控制
2	进口风机变频控制柜		2 套	—
3	风机电缆	—	500m	—
4	钢板风筒	直径为 1.5m	88m	—
5	测量段风筒	直径为 1.5m，厚度为 3.0mm（钢板风筒）	12m	—
6	风机风量、风压测量装置	风筒直径为 1.5m，风量为 500~2400 m³/min，风压为 1000~10000Pa	2 套	自动
7	刚性直角弯管风筒	直径为 1.5m	4 套	—
8	进口挪威风筒	直径为 1.5m，100m /节	7000m	三防
9	国产风筒	直径为 1.5m，20m/节	4400m	三防
10	出风箱	直径为 1.9m，长度为 5m	3 套	—

注：表中为主要设备材料，风机基础、风筒支架等没有列入。

2.3.5　风机及风筒安装

1．风机安装

根据《煤矿安全规程》的要求，压入式局部通风机和启动装置安装在进风巷道中，距掘进巷道回风口不得小于 10m，因此，地面通风机的设置位置至少要距工作井、泥浆池 20m。地面风机进风口要保持清洁，无污染源；如果设在施工斜坡通道的 S7 横梁处，则在其前后 20m 的范围内，必须用密封盖板将施工通道与工作井的部分井口覆盖密封，确保无泄漏。风机吸入口距地面 2m，防止吸入地面杂物与粉尘。

2．风筒安装

由于送风距离长，风筒风压大，需要选用带刚性圈的柔性风筒或刚性（圆）风筒，并且要求风筒具有阻燃、防水、防静电的功能，耐风压大于 10000Pa。风筒沿侧帮支架固定，压入式风筒出口到盾构机风机吸入口的距离为 2.7m。

刚性风筒采用法兰连接，柔性风筒采用管箍或拉链连接，并要求配备性能良好的密封垫，风筒在管廊拱顶吊装，吊装位置距上部管廊地坪 4.2m，双风筒并排吊装在管片处的螺栓下，每隔 2m 设一吊装挂钩。

在进行风筒安装时，带压移动安装，风筒（100m 柔性风筒）事先装在出风箱内，随盾构机的前进装设风筒吊架；出风箱内的风筒轮流更换，或者由检修班更换柔性风筒。出风口朝向盾构机自带风机的吸入口，使盾构机能够吸入新鲜风流。

根据通风工程施工规范要求，刚性风筒的支吊架每隔 3m 设置一个，单根风筒要有不少于 2 个固定支架。钢板风筒的厚度要不小于 3mm，工作井内垂直方向在顶部与底部必须设加强型横梁支架以进行固定，圆形风筒弯头节数应不小于 5 节，曲率变径为风筒直径的 1.5 倍。钢板风管与管件均采用法兰连接，柔性风筒在与刚性风筒连接时采用法兰连接，采用不燃性胶密封。

对于距风机出口段较近的柔性风筒，设风压监测传感器，在靠近盾构机压入风筒的出风口处设置风速与温度传感器，瓦斯稀释通风区回风平均速度应不小于 0.5m/s；当温度高于 30℃ 时，如果风机已达到最大功率、最大风量，则应考虑采取地面降温措施。盾构机穿越有害气体地层时管廊通风系统原理示意如图 2-12 所示。

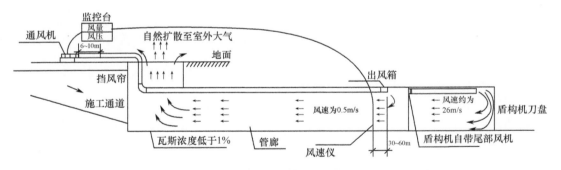

图 2-12　盾构机穿越有害气体地层时管廊通风系统原理示意

2.3.6　通风方案的技术经济性分析

一级送风系统相对简单且风筒承压小，但国产柔性风筒摩擦阻力大、接口多、漏风率大，无法满足要求，必须匹配摩擦阻力小的进口风筒，由于供货周期长，需要前期使用国产风筒或者风机作为替代方案，投入费用偏高。国产对旋轴流风机（2×185kW）的效率为 75%，而进口 ECE 风机效率可达 85%，可见进口风机节能性较好，并且故障率低。

在初步方案中，使用 2 台国产对旋轴流风机，总功率为 2×185kW×2=740kW。

在变更方案中，前期替代风机运行 4 个月，其余 6 个月将 ECE 风机投入运行。

前期替代风机总功率为 2×132kW×2=528kW，ECE 风机总功率为 4×75kW×2=600kW。

初步方案中的风机耗电功率明显高于变更方案中的风机耗电功率。通过技术经济定性分析，变更方案在技术上更可靠，在运行上更节能，风机、刚性风筒部件均可重复使用，并且替代风机在拆装后可供其他项目使用；变更方案与现场施工的配合更密切，互不影响，能可靠地保证同步施工中的安全通风要求。

2.3.7 箱涵内通风方案

在盾构施工中，箱涵相继在盾构机尾部拼装施工，但其在工作井的端部是由混凝土结构密封的，这导致箱涵内的通风阻力增大，管廊内通过箱涵的风流减少，甚至在箱涵顶部的局部区域形成有害气体积聚区，因此需要考虑此种状况出现时的通风方案。

箱涵通风与压入式通风结合，采用抽出式通风方式，有利于减小整个管廊内的通风阻力，增加通风效果。箱涵通风在 2 个边部箱涵靠近工作井处预留 2 个直径为 800mm 的风口，与抽风系统的负压风筒相连，其原理图如图 2-13 所示。

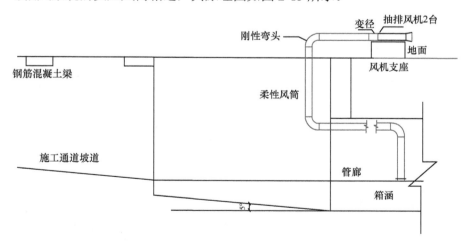

图 2-13 箱涵通风原理图

箱涵的通风阻力计算简表如表 2-3 所示。

箱涵通风主要设备材料如表 2-4 所示。风筒与预留孔洞采用法兰连接方式；负压风筒与刚性风筒采用法兰连接方式，使用不燃性胶密封；负压风筒采用箍连接方式。

表 2-3　箱涵的通风阻力计算简表

施工距离（m）	风量（m³/s）	总阻力（Pa）	管径（mm）	备注
5500	14	106	5900	箱涵，水力直径
100	14	1379	800	负压风筒

表 2-4　箱涵通风主要设备材料

序号	设备	参数	数量	备注
1	通风机（SCF-NO.13）	风量为 14.1~43m³/s，风压为 389~1519Pa，电机功率为 55kW	2 台	防爆变频
2	防爆变频控制柜	电机功率为 55kW	2 个	—
3	抽风机防爆电缆	—	800m	—
4	防爆低压配电装置	—	2 套	—
5	变径管	钢板风管	2 个	—
6	刚性直角弯管风筒	直径为 1.5m	4 个	—
7	负压风筒	直径为 800mm，每节长度为 20m	200m	三防
8	风机支座	钢支座	2 个	H 型钢
9	风筒弯头固定支架	10#槽钢	4 个	—

2.3.8　通风实践

苏通 GIL 综合管廊双风机双风筒的通风系统在管廊建设期高效地保证了管廊内的空气质量，保障了施工安全。主要的通风系统与设备及现场图如图 2-14～图 2-17 所示。

图 2-14　施工通道上方架设的 ECE 风机

图 2-15　南岸工作井内地面钢板风筒入洞现场图

图 2-16　管廊内双风筒高效送风现场图

图 2-17　盾构隧道内送风系统前端的储风箱

2.4　管廊建设安全通风管理要求

2.4.1　通风方案设计

根据苏通 GIL 综合管廊盾构施工的特点及有害气体探测报告、《煤矿安全规程》等相关国家规范，研究设计了长距离大盾构直径下穿越含瓦斯地层的盾构管廊施工期间的安全通风方案。本着安全、节能、经济的原则，重点关注具有安全隐患的施工段、施工区域，并将安全通风的要求贯穿在整个施工期内，采取了双风机双风筒压入式通风系统，有效保证管廊内的通风量，稀释管廊内释放的少量有害气体，保证安全高效的施工。风筒安装确保平、直、顺，在变坡处安装刚性弯头，以减小管路的沿程阻力和局部阻力，降低能耗并加大风量。除了主导的压入式通风系统，还在盾构机换刀、泥浆系统安装钢管的过程中及盾尾等局部易积聚有害气体处强化通风，消除局部积聚的危险。此外，平衡气囊内的气体由瓦斯抽排泵抽排并引出地面。

盾构机内有空压设施，一旦出现盾构机内置风机出现故障或者甲烷浓度达到 1.0%

而导致停机的情况，盾构机内须有专设的本安型气动风机吸入地面压入的新鲜风流，吹排至盾构机刀盘处，并有专门的气动风机将有害气体排出。这一系列设置需要与盾构机厂方协商处理。根据空压管的压力与盾构机内部空间的大小，尽可能使配风达到较大的量。

在管廊内局部地点进行电焊作业时，如果靠近管廊侧壁，则可采用小型 MA 局部通风机加强通风效果，并实时监测瓦斯浓度。

2.4.2　安全通风管理

1．盾构机泥浆管路、管片及泥浆池等设备的安全管理

（1）对于泥浆管路、排气管路的日常泄漏检测，每班必须安排 1 人对泥浆管路进行巡视与抽检，持便携式甲烷检测报警仪探测泥浆软管处的甲烷浓度并观测泥浆管路的泄漏情况，及时做好记录，一旦超标，必须向值班领导汇报。

（2）日常巡视管片的密封是否有异常、有无泄漏，一旦发现异常或泄漏情况，立即向值班领导汇报，及时采取处理措施。

（3）地面泥浆系统除设置专用通风系统外，还需要安排人员每日巡视，使用便携式甲烷检测报警仪探测地面泥浆池的甲烷浓度并记录，一旦超标，立即向值班领导汇报。

（4）定期排查泥浆泵体是否有密封故障或阀件故障问题，如果泥浆泵体有明显泄漏，则应探测其周围的甲烷浓度，并及时向值班领导汇报，确定施工安全预案，及时维修或者更换部件。

2．通风设备维护管理

1）通风措施

（1）保证通风系统稳定可靠，安排专人值班，观测风机运行参数，包括风压、风量、供电电压及电流，一旦发现风机运行参数异常，应及时通知值班领导，安排管廊内作业人员进行处理；不得随意调节、迁移和拆卸通风设施，并定期进行检查和维护。

（2）地面压入式通风机应布置在主导风向上方，与工作井口与施工通道排风口的距离不小于 20m；须配备风机的主要配件，一旦出现故障，能及时更换。

（3）严格选用抗静电、阻燃、防潮（三防）风筒，风筒百米漏风率符合要求（百米漏风率<1%）。

（4）地面压入式通风机变频控制，可根据掘进的距离、风阻的变化调整供电频率与风机功率；根据实时检测结果，及时对通风系统进行局部调整，保证管廊内瓦斯浓度不超过 0.5%。

（5）配备机械电子式风速表，由专职人员每周在距工作面 20m 的回风流内及盾构机中检测一次管廊断面内的最小风速与平均风速（含瓦斯地层段管廊内的平均风速为 0.5m/s）。

（6）要求风筒的安装必须平、直、顺，在变坡（度）处安设刚性弯头，以减小管路沿程阻力和局部阻力，并加强日常管理和维修。

（7）柔性风筒的安装高度要确保与其他管路、设备之间有合理距离，在安装时需要借助专用的人梯吊挂风筒，并避免手中尖锐物体刺破风筒，运输车辆与作业人员不得随意移动或者破坏风筒（如用于取风乘凉）。

（8）加强日常巡检，一旦发现风筒破损或者接口松动，应立即更换风筒与接口，管廊内与地面应配备一定数量的备用风筒与三防风筒的专用密封胶布，供维修更换使用。

2）临时停风措施

（1）在施工过程中，如果需要停风，则必须向上级请示，提交停风报告；在停风前，必须撤出管廊内所有工作人员。

（2）如果管廊因停电检修或其他不可抗力停风，则在恢复通风前，应制订通风、排除瓦斯和送电的安全措施。

（3）在恢复通风前，应首先检测有害气体浓度，只有当风流中甲烷浓度不超过 1.0% 且二氧化碳浓度不超过1.5%时，才可恢复管廊内电气设备的供电。

3. 安全通风管理制度

（1）制订安全通风管理制度，成立管廊通风管理组；配置专业通风检测人员 3 人，每班 1 人，进行现场通风的管理与实施。

（2）对管廊内作业人员进行通风作业与瓦斯突出疏散自救的常识普及与行动练习；每月组织安全通风与有害气体预防的知识测试，作业人员在测试合格后方可上岗。

（3）在施工过程中，如果需要停风，则必须向上级请示，提交停风报告；在停风前撤出管廊内所有工作人员。如有违反，按照违规操作给予处罚。

（4）若发现破坏通风风筒的行为，则给予处罚。

（5）严禁非通风管理人员靠近地面对旋风机房。

（6）应为通风机划定专门的区域，用栏杆围护起来，并设立醒目的警示牌，如"禁止非工作人员靠近""危险""禁止明火与可燃物靠近"等。

（7）通风值班人员必须审阅每班的甲烷探测报告，掌握甲烷的变化情况，及时向领导汇报，制订合理的通风措施。

2.5 管廊建设有害气体抽排技术

2.5.1 抽排管路的选择及计算

为了抽排有害气体，必须敷设完整的抽排管路系统，以便把积聚的有害气体排放至地面，减少施工中的安全隐患。

1．抽排管路系统的组成

抽排管路系统由以下几部分组成：支管、干管及抽采管路附属装置。

2．管路敷设路线

抽排管路系统的管路敷设路线为：工作面头部埋管（支管）→工程隧道（干管）→地面抽排有害气体泵站。

3．管径选择

管径选择是否合理，对抽排管路系统的建设投资及抽排效果有很大影响。若直径太大，则投资费用会增加；若直径过小，则管路阻力损失会加大；同时要考虑真空泵的实际能力，使之留有备用量。

管径计算方式如下：

$$D = 0.1457 \times \sqrt{\frac{Q}{V}}$$

式中，D——抽排管内径（m）；

Q——抽排管内混合有害气体的流量（m^3/min）；

V——抽排管内有害气体的平均流速，经济流速为 5～12m/s。

干管、支管均选用无缝钢管，考虑安装、采购便利等因素，干管、支管管径统一。最终确定的抽排管路系统管径如表 2-5 所示。

表 2-5　最终确定的抽排管路系统管径

管路段	纯瓦斯量（m^3/min）	有害气体浓度（%）	混合有害气体流量（m^3/min）	流速（m/s）	计算管径（mm）	选择内径（mm）	选择外径（mm）	壁厚（mm）
泵出口（干管）	0.25	10	2.5	10	89	100	108	4.0
管口到泵（干管）	0.25	10	2.5	10	89	100	108	4.0
插管（支管）	0.25	10	2.5	10	89	100	108	4.0

敷设于埋管管口到地面抽采泵站和抽采泵站到出口排空段的管路规格均为 D133×4.0mm 的无缝钢管，管路间及管路与管件间均采用法兰连接方式。

2.5.2　抽排管路阻力计算

抽排管路阻力包括摩擦阻力和局部阻力。阻力的计算应在抽排管路系统敷设线路确定后，按其最长的线路和抽排最困难时期的情况进行计算。

根据管廊布置情况，在抽排最困难时期，抽排管路负压段（埋管/插管到地面抽采泵站）的长度约为 5500m，正压段（地面抽采泵站到排空管管口）的长度约为 40m。

1. 摩擦阻力计算

摩擦阻力的计算方式如下：

$$H_m = 69 \times 10^5 \times \left(\frac{\Delta}{d} + 199.2 \times \frac{v_0 d}{Q_0}\right)^{0.25} \frac{L\rho Q_0^2}{d^5} \frac{P_0 T}{P T_0}$$

式中：H_m——摩擦阻力（Pa）；

L——直管长度（m）；

Q_0——标准状态下的混合有害气体流量（m^3/h）；

d——管路内径（mm）；

v_0——标准状态下的有害气体运动粘度（m^2/s）；

ρ——管道内混合有害气体密度（kg/m^3）；

$\varDelta$——管道内壁的当量绝对粗糙度（mm）；

P_0——标准状况下的大气压力，取 101325Pa；

P——管道内气体的绝对压力（Pa）；

T_0——标准状态下的绝对温度，取（273+20）K；

T——管道内气体温度为 t 时的绝对温度，取（273+t）K；

t——管道内气体的温度（K）。

经计算，埋管/插管到地面抽采泵站段管路的摩擦阻力为27544.06Pa。

2．局部阻力计算

抽排管路系统中的局部阻力（H_j）按摩擦力阻力的 15%考虑，则有

$$H_j=0.15\times H_m=4131.609（Pa）\approx4131.61（Pa）$$

3．抽排管路总阻力计算

抽排管路系统的总阻力为摩擦阻力和局部阻力之和，即

$$H=H_m+H_j$$

经计算，总阻力为31675.67Pa。

选用的真空泵能满足抽排最困难时期所需的抽排负压，选取抽排系统管路最长、流量最大、阻力最高的部分来计算总阻力。工作面抽排管路阻力结果如表 2-6 所示。

表 2-6　工作面抽排管路阻力结果

系统类型	管段	P（kg/m³）	Q_0（m³/h）	v_0（m³/s）	D（mm）	L（m）	摩擦阻力（Pa）	局部阻力（Pa）	备注
抽采管路	负压段	96000	150	1.53E−05	100	40	276.98	41.55	—
	正压段	68733	150	1.53E−05	100	5500	27267.08	4090.06	—
合计								31675.67	—

2.5.3　管路敷设及附属装置

1. 管路敷设要求

（1）管材应满足抗静电、耐腐蚀、阻燃、抗冲击、安装维护方便等要求。

（2）应根据盾构机机体结构、抽采地点的分布等因素统筹考虑，尽量避免之后频繁改动。

（3）应敷设在曲线段最少、距离最短的通道内。

（4）为避免管路被撞坏而漏气的情况，应将管路架设在具有一定高度的位置并加以固定。

（5）应便于运输、安装、维修和日常检查。

（6）主要运输隧道中的管路架设高度不小于 1.8m。

（7）要考虑流水坡度，要求坡度尽量一致，避免高低起伏，在低洼处需要安装放水器。

（8）对于新敷设的管路，要进行气密性检查。

2. 管路附属装置

（1）阀门：主要用于调节与控制抽采地点的抽采负压、有害气体浓度、抽采量等，同时在修理和更换管路时，可关闭阀门的切断回路。

（2）测压嘴：设置在抽排管路的适当位置上，便于经常观测抽采管内的压力。测压孔的高度设计为 20mm，选用内径为 6mm 的紫铜管，在安装管路之前预先焊上，平时用密封罩罩住或用细胶管套紧捆死，以防漏气。测压嘴还可作为取气样孔，取出气体以进行气体成分分析或测定有害气体浓度。

（3）放水装置：抽排管路系统的最低点经常会产生积水，影响抽排效果及抽排效率，需要安装放水器。正压管路安装正压放水器，负压管路安装负压放水器，与抽排管路的连接示意如图 2-18 所示。

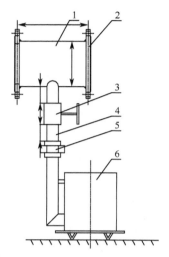
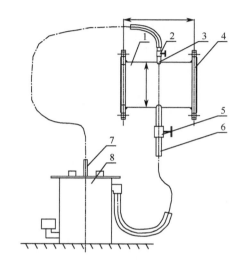

1-三通　2-法兰　3-2′闸阀　4-2″管活
5-接头　6-正压放水器

1-四通　2-4′闸阀　3-4 管　4-法兰　5-6′闸阀
6-6′管　7-4′插头　8-负压放水器（法兰连接）

图 2-18　正、负压放水器与抽排管路的连接示意

（4）排渣装置：为防止抽排管路内有杂物，影响真空泵的抽采效果或损伤泵体，抽采泵入口处应安设排渣装置，人工定期检查。排渣装置布置示意如图 2-19 所示。

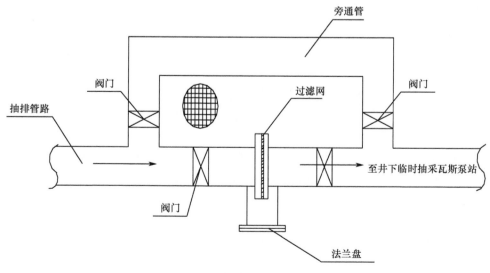

图 2-19　排渣装置布置示意

2.5.4　真空泵选型计算

1. 真空泵选型原则

（1）在抽排期间，抽排有害气体真空泵（以下简称"真空泵"）的负压必须能突破抽排管路系统最大管网阻力的阻碍，从而使抽排管口达到足够的负压，并满足抽排泵出口的正压需求。

（2）真空泵的流量必须满足抽排期间预计最大有害气体抽排量的需求。

（3）真空泵要具备良好的气密性。

（4）真空泵所配备的电机必须防爆。

2. 真空泵流量计算

根据真空泵的流量必须满足抽排期间预计最大有害气体抽排量的需求，可得

$$Q = 100 \times \frac{Q_z K}{X\eta}$$

式中，Q——真空泵所需额定流量（m^3/min）；

Q_z——抽排期间最大抽排有害气体纯量（m^3/min）；

X——真空泵入口处有害气体浓度（%）；

K——真空泵的综合系数（备用系数），取 2；

η——真空泵的机械效率，取 0.8。

低负压抽排系统抽排期间最大抽排有害气体纯量为 $0.25m^3/min$，真空泵入口有害气体浓度按 10% 计算，则在标准状态下，真空泵所需额定流量为 $6.25m^3/min$。

3. 真空泵压力计算

真空泵压力必须能克服抽排管路系统总阻力损失并保证管口有足够的负压，以及满足真空泵出口的正压需求，则有

$$H_{泵} = K(H_{zk} + H_{rm} + H_{rj} + H_c)$$

式中，$H_{泵}$——真空泵压力（Pa）；

K——压力备用系数，取 1.3；

H_{zk}——抽排管路管口负压，取 7000Pa；

H_{rm}——管网的最大摩擦阻力（Pa）；

H_{rj}——管网的最大局部阻力（Pa）；

H_c——抽排管路出口正压，取 3000Pa（直接排空）。

根据前面的管路阻力损失计算可知，抽排管路系统的阻力损失为 31675.67Pa，则低负压真空泵的压力为

$$H_{泵} =1.3×(7000+31675.67+3000) =54178.371（Pa）\approx 54178.37（Pa）$$

真空泵安装当地的大气压按 103000 Pa 计，则真空泵的绝对压力为 103000−54178.37= 48821.63 Pa，实际取 49 kPa。

4. 真空泵参数

目前我国真空泵曲线都是按工况状态下的流量绘制的，所以还需要把标准状态下的有害气体流量换算成工况状态下的流量：

$$Q_{工} = \frac{Q_{标}P_{标}T_1}{P_1 T_{标}}$$

式中，$Q_{工}$——工况状态下的真空泵流量（m³/min）；

$Q_{标}$——标准状态下的有害气体流量（m³/min），取前文额定流量；

$P_{标}$——标准大气压，取 101325Pa；

P_1——真空泵入口绝对压力（Pa）；

$T_{标}$——抽排瓦斯行业标准规定的标准状态下的绝对温度，取（273+20）K；

T_1——真空泵入口有害气体的绝对温度，取（273+t）K；

t——真空泵入口有害气体的温度，取 20℃。

综上，有

$$Q_{工} = \frac{6.25×101325×(273+20)}{48821.63×(273+20)} \approx 12.97（m³/min）$$

2.5.5　真空泵的选型

根据真空泵选型计算结果，结合工程项目情况，最终选用 ZWY20/37-G 煤矿用井下移动式抽排泵站作为真空泵，为保证抽排设备正常运行，设计配备 2 台真空泵，1 台工作、1 台备用。

所选用的真空泵工况条件下的详细参数如表 2-7 所示。

表 2-7　所选用的真空泵工况条件下的详细参数

主要技术参数	参数值
真空泵型号	ZWY20/37-G
数量（台）	2
吸气压力（kPa）	49
最大抽气量（m³/min）	20
电机功率（kW）	37
电压（V）	660

根据真空泵的性能曲线，在最终确定的低负压系统工况参数中，最大抽气量 $20m^3/min$ 是大于 $12.97m^3/min$ 的，可以满足要求。

2.5.6　抽排泵站主要附属设备

地面泵站除应配置阀门、测压嘴等附属装置外，还应配置如下附属设备。

（1）抽采管路正压端低洼处要安装正压放水器，抽放管路负压端低洼处要安装负压放水器。

（2）真空泵进气端、排气端的主管道上，各设置水封阻火泄爆装置和自动喷粉抑爆装置。遵循"阻火泄爆、抑爆阻爆、多级防护、确保安全"的基本原则，抑爆装置宜采用自动喷粉抑爆装置，其安装应符合《煤矿低浓度瓦斯管道输送安全保障系统设计规范》中的相关要求。

（3）瓦斯抽采站建筑和排空管应按照《建筑物防雷设计规范》，分别装设避雷带或避雷针装置，其中瓦斯泵房放空管按照第一类防雷建筑物设计。通往井下的抽排管路应按照《煤矿瓦斯抽采工程设计规范》的要求，采取防雷和隔离措施。

特高压实践：GIL 综合管廊的建设与维护

（4）地面低浓度瓦斯输送管道与地面或地下建筑物、构筑物或其他管路应保持一定的安全距离，如表 2-8 所示。

表 2-8 安全距离

类型	厂房（地基）	动力电缆	水管/水沟	热水管	铁路	电线杆
距离（m）	>5	>1	>1.5	>2	>4	>2

第 3 章

Chapter 3 / 电气设备及安全监控系统

3.1 有害气体地层管廊掘进施工供电系统

3.1.1 地面供配电

1．设计范围

苏通 GIL 综合管廊地面供配电设计包含通风机和有害气体抽放泵站供配电设计，另外还包括为管廊内 0～800m 段供电的 2#配电点设计（详见 3.1.2 节）。

2．供配电原则

通风机配电电压确定为 380V，系统为中性点直接接地系统，采用双电源供电；有害气体抽放泵站配电电压确定为 660V，系统为中性点不接地系统，采用单电源供电。

3．供配电系统

1）通风机

设通风机 2 台，同时运行，每台负荷为 4×75kW，合计 600kW。

在通风机附近设一个低压配电点，以 380V 电压向 2 台通风机供电。其两回 380V 电源分别引自地面井口附近不同的 10kV 配电点，每回电源电缆选用 2 根 MYJV22-0.6/1 3×240+1×120 矿用交联钢带铠装电缆并列运行，长度分别为 2×200m 和 2×300m。该配电点设低压开关柜 3 台，选用矿用隔爆型设备，其中进出线柜 2 台，联络柜 1 台。

2）有害气体抽放泵站

设有害气体抽放泵站 2 台，1 用 1 备，每台负荷为 37kW，合计 37kW。

在有害气体抽放泵站附近设一个配电点，以 660V 电压向 2 台有害气体抽放泵站供电。其单回（路）10kV 电源引自地面 35kV 变电站的 10kV 不同母线段，电源电缆选用 MYJV22-8.7/10 3×70 矿用交联钢带铠装电缆，长度约为 200m。该配电点 10kV 侧选用 1 台 PJG43-200/10 矿用隔爆兼本质安全型高压真空配电装置，如图 3-1 所示；660V 侧选用 KJZ-200/1140（660）矿用隔爆兼本质安全型真空馈电开关，如图 3-2 所示；设 KBSG-200/10 10/0.69kV 矿用隔爆型干式变压器 1 台，如图 3-3 所示。

图 3-1　PJG43-200/10 矿用隔爆兼本质安全型高压真空配电装置

图 3-2　KJZ-200/1140（660）矿用隔爆兼本质安全型真空馈电开关

图 3-3　KBSG-200/10 10/0.69kV 矿用隔爆型干式变压器

4．防雷接地

通风机房、有害气体抽放泵站及 2#配电点均按二类防雷建筑物考虑，其冲击接地电阻不大于 10Ω（欧姆）。

为防止雷电波侵入建筑，应在进出端将电缆的金属外皮、钢管等与电气设备接地相连。当电缆转换为架空线时，在转换处装设避雷器、避雷器、电缆金属外皮与绝缘子铁脚、金具等接地相连，其冲击电阻不大于 30Ω。为防止雷电波侵入井下，对于由地面直接入井的金属轨道及各种露天引入（出）的管路等，在井口附近对金属体做不少于 2 处的可靠接地。

通风机配电点、有害气体抽放泵站配电点及 2#配电点等处均各自设有接地保护装置，其接地电阻均不大于 2Ω。各电气设备正常不带电的金属外壳、铠装电缆的金属外皮等均通过专用接地线按规程可靠接地。

3.1.2　管廊供配电

1．设计范围

苏通 GIL 综合管廊供配电设计包含除盾构机外的其他动力配电设计。

2．供配电原则

由于管廊较长、用电负荷较大，设计采用高压送电逐段设置配电点的方式供电。将管廊分为 0～800m、800～1700m、1700～2600m、2600～3500m、3500～4400m、4400～5400m 共 6 个配电段。在每段的起始端设置配电点，其中 0～800m 段的 2#配电点设置于地面井口附近，其他段的配电点设置于管廊内。

上述 6 个配电段配电电压确定为 380V，系统为中性点不接地系统。

3．供配电系统

1）用电负荷

2#配电点（0～800m 段）：100+8=108（kW）；

7#配电点（800～1700m 段）：1100+100+10=1210（kW）；

8#配电点（1700～2600m 段）：1100+100+10=1210（kW）；

9#配电点（2600～3500m段）：1100+100+10=1210（kW）；

10#配电点（3500～4400m段）：1100+100+10=1210（kW）；

11#配电点（4400～5400m段）：100+10=110（kW）；

上述配电点合计：108+1210+1210+1210+1210+110=5058（kW）。

由于是同步施工用电，在进行下一段施工时，上一段负荷将停止，故最终动力负荷合计约为4600kW。

2）设备选型及配电系统

2#配电点：一回10kV电源引自地面35kV变电站10kV侧，电源电缆选用MYJV22-8.7/10 3×185矿用交联钢带铠装电缆，长度约为200m。该配电点10kV侧选用1台LDL-DFW630/7-1/4-B高压分支箱，380V侧选用1台XL 380V 1000A一级配电箱，3台XL 380V 400A二级配电箱，设YBM11-12/0.4HF200箱式干式变压器1台。设220V专用配电箱3台，6台矿用隔爆型照明信号综合保护装置。本配电点以380V和220V电压向管廊内同步施工用电负荷、照明综保等低压负荷供电。

7#配电点：一回10kV电源引自地面35kV变电站10kV侧，电源电缆选用MYJV22-8.7/10 3×185矿用交联钢带铠装电缆，长度约为840m。该配电点10kV侧选用3台PJG43-400/10矿用隔爆兼本质安全型高压真空配电装置，1台PJG43-200/10矿用隔爆兼本质安全型高压真空配电装置，380V侧选用4台KJZ-400/1140（660、380）矿用隔爆兼本质安全型真空馈电开关，设KBSG-200/10 10/0.4kV矿用隔爆型干式变压器1台。设矿用隔爆型干式变压器KBSG-10/380380/220V 1台，选用220V专用配电箱5台，以及矿用隔爆型照明信号综合保护装置4台。本配电点以10kV电压向8#配电点供电；以380V和220V电压向管廊内同步施工用电负荷、照明综保等低压负荷供电。

8#配电点：一回10kV电源引自7#配电点10kV侧，电源电缆选用MYJV22-8.7/10 3×185矿用交联钢带铠装电缆，长度约为950m。该配电点10kV侧选用1台PJG43-400/10矿用隔爆兼本质安全型高压真空配电装置，2台PJG43-200/10矿用隔爆兼本质安全型高压真空配电装置，380V侧选用5台KJZ-400/1140（660、380）矿用隔爆兼本质安全型真空馈电开关，设矿用隔爆型干式变压器1台。设矿用隔爆型干式变压器KBSG-10/380 380/220V 1台，选用220V专用配电箱5台，以及矿用隔爆型照明信号综合保护装置4台。本配电点以10kV电压向9#配电点供电；以380V和220V电压向管廊内同步施工用电负荷、照明综保等低压负荷供电。

9#配电点：一回 10kV 电源引自 8#配电点 10kV 侧，电源电缆选用 MYJV22-8.7/10 3× 185 矿用交联钢带铠装电缆，长度约为 950m。该配电点 10kV 侧选用 1 台 PJG43-400/10 矿用隔爆型高压真空配电装置，2 台 PJG43-200/10 矿用隔爆兼本质安全型高压真空配电装置，380V 侧选用 4 台 KJZ-400/380 矿用隔爆兼本质安全型真空馈电开关，设 KBSG-200/10 10/0.4kV 矿用隔爆型干式变压器 1 台。设矿用隔爆型干式变压器 KBSG-10/380 380/220V 1 台，选用 220V 专用配电箱 5 台，以及矿用隔爆型照明信号综合保护装置 4 台。本配电点以 10kV 电压向 10#配电点供电；以 380V 和 220V 电压向管廊内同步施工用电负荷、照明综保等低压负荷供电。

10#配电点：一回 10kV 电源引自 9#配电点 10kV 侧，电源电缆选用 MYJV22-8.7/10 3× 185 矿用交联钢带铠装电缆，长度约为 950m。该配电点 10kV 侧选用 1 台 PJG43-400/10 矿用隔爆兼本质安全型高压真空配电装置，2 台 PJG43-200/10 矿用隔爆兼本质安全型高压真空配电装置，380V 侧选用 4 台 KJZ-400/380 矿用隔爆兼本质安全型真空馈电开关，设 KBSG-200/10 10/0.4kV 矿用隔爆型干式变压器 1 台。设矿用隔爆型干式变压器 KBSG-10/380 380/220V 1 台，选用 220V 专用配电箱 5 台，以及矿用隔爆型照明信号综合保护装置 6 台。本配电点以 10kV 电压向 11#配电点供电；以 380V 和 220V 电压向管廊内同步施工用电负荷、照明综保等低压负荷供电。

11#配电点：一回 10kV 电源引自 10#配电点 10kV 侧，电源电缆选用 MYJV22-8.7/10 3× 70 矿用交联钢带铠装电缆，长度约为 950m。该配电点 10kV 侧选用 1 台 PJG43-10 矿用隔爆兼本质安全型高压真空配电装置，380V 侧选用 4 台 KJZ-400/380 矿用隔爆兼本质安全型真空馈电开关，设 KBSG-200/10 10/0.4kV 矿用隔爆型干式变压器 1 台。设矿用隔爆型干式变压器 KBSG-10/380 380/220V 1 台，选用 220V 专用配电箱 4 台，以及矿用隔爆型照明信号综合保护装置 6 台。本配电点以 10kV 电压向自己（11#配电点）供电；以 380V 和 220V 电压向管廊内同步施工用电负荷、照明综保等低压负荷供电。

相关配电装置与瓦斯传感器及安全监控系统配合实现风电、瓦斯电闭锁，断电位置为地面变电站向管廊内供电的各 10kV 开关柜处。

3）照明、接地及其他

管廊内设 DGS36/127L(A)矿用隔爆型 LED 照明灯具，两侧交错设置，灯间距为 8m。

照明灯具的 127V 电源由矿用隔爆型照明综合保护装置提供，灯具数量为1384只。应急照明采用 DJS3/3.7LL(A)矿用隔爆型应急照明灯具，单侧设置，灯间距为 50m。

管廊内各配电点均须可靠接地，并与电气设备的保护接地装置可靠连接，并同设在地面的 2#配电点接地网相连，形成管廊总接地网，接地网上接地点的接地电阻值均不应超过 2Ω。

3.2　有害气体监控及通信系统

3.2.1　安全监控系统

选用一套 KJ70N 安全监控系统，对掘进管廊内生产环境及各主要生产设备的运行状态进行实时监测，使相关人员能够及时了解掘进管廊内的环境状况，做到对各类灾害的早期预测，防止事故的发生。该系统满足国家安全生产监督管理总局发布的《煤矿安全监控系统通用技术要求》的规定。

1. 系统构成

1）网络结构

KJ70N 安全监控系统主要由监控主机、监控分站、各类传感器及传输缆线等组成，系统网络结构如图 3-4 所示。

2）系统主要功能

KJ70N 安全监控系统具有良好的开放性和可伸缩性。地面监控中心运行在标准的 TCP/IP 网络环境中，操作系统为中文 Windows 操作系统，可方便地实现网上信息共享和网络互联；有系列化、多用途的监控分站，功能丰富；有完善的数据停电保存能力，确保监测数据和设置信息不丢失。在通信线路断线后，分站能保存 2h 以上的数据，待通信线路恢复，能自动将数据补传至中心站。分站及传感器全面实现了智能化和红外遥控调校、设置。分站模拟量和开关量端口可任意互换，并支持多种信号制，有数据实时存储能力。另外，系统具有三级断电控制和超强异地交叉断电能力（中心站手控、分站程控、传感器就地控制）。

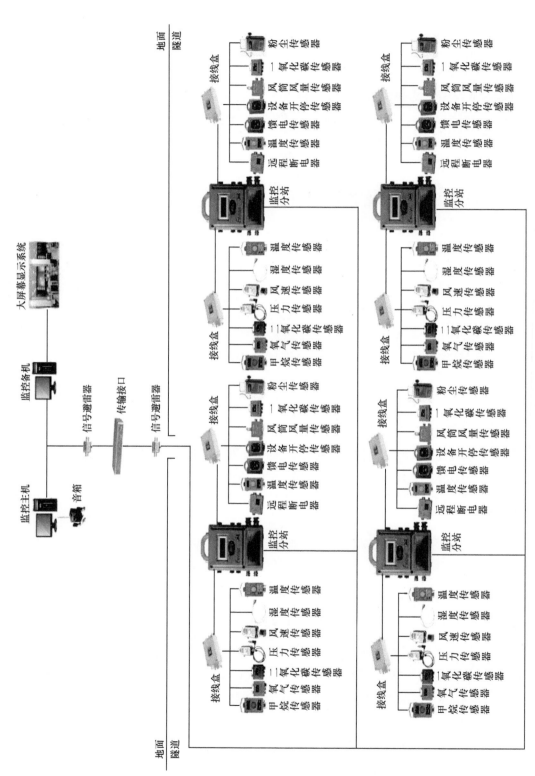

图 3-4 KJ70N 安全监控系统网络结构

2. 监控点的设置

地面中心站设置于地面工程指挥部内，中心站设备采用双回路供电，并装设可靠的接地装置和防雷装置。监控主机选用高性能、具有高稳定性的工控机（2 台），当主机发生故障时，备机经由热切换控制器自动投入运行。配置传输接口 1 个，打印机 2 台，1kVA 不间断电源 1 台（保证不小于 2h 的在线式不间断电源）；中心站配备录音电话。

在管廊内设置分站 10 台，在地面设置分站 1 台，分站各类传感器包括甲烷传感器、一氧化碳传感器、二氧化碳传感器、氧气传感器、温度传感器、风速传感器、设备开停传感器、馈电传感器、风筒风量传感器、压力传感器等。系统中心站具有手动遥控断电功能，分站具有风电甲烷闭锁功能。

1）甲烷传感器设置

（1）在掘进管廊内盾构机后方 5～10m 处设置甲烷传感器，当浓度达到以下数值时，分别进行报警、断电、复电。

　　$\geqslant 0.8\%CH_4$　报警　　　　$\geqslant 1.5\%CH_4$　断电　　　$<1.0\%CH_4$　复电

断电范围：掘进管廊内全部非本质安全型电气设备电源及车辆动力。

（2）在掘进管廊分段配电点 5m 范围内设置甲烷传感器，当浓度达到以下值时，分别进行报警、断电、复电。

　　$\geqslant 0.8\%CH_4$　报警　　　　$\geqslant 1.0\%CH_4$　断电　　　$<1.0\%CH_4$　复电

断电范围：掘进管廊内全部非本质安全型电气设备电源及车辆动力。

（3）在掘进管廊测风站内设置甲烷传感器，当浓度达到以下值时，分别进行报警、断电、复电。

　　$\geqslant 0.8\%CH_4$　报警　　　　$\geqslant 1.0\%CH_4$　断电　　　$<1.0\%CH_4$　复电

断电范围：掘进管廊内全部非本质安全型电气设备电源及车辆动力。

（4）在掘进管廊盾构机上设置甲烷传感器，当浓度达到以下值时，分别进行报警、断电、复电。

    $\geq 0.8\% CH_4$ 报警 $\geq 1.5\% CH_4$ 断电 $< 1.0\% CH_4$ 复电

断电范围：盾构机电源、掘进管廊内全部非本质安全型电气设备电源及车辆动力。

（5）在防爆运输车上设置便携式甲烷检测报警仪，当浓度达到以下值时，分别进行报警、断电、复电。

    $\geq 0.5\% CH_4$ 报警并断电 $< 0.5\% CH_4$ 复电

断电范围：掘进管廊内全部非本质安全型电气设备电源及车辆动力。

（6）在泥浆泵上设置甲烷传感器，当浓度达到以下值时，分别进行报警、断电、复电。

    $\geq 0.5\% CH_4$ 报警并断电 $< 0.5\% CH_4$ 复电

断电范围：掘进管廊内全部非本质安全型电气设备电源及车辆动力。

2）其他传感器设置

（1）在局部通风机风筒末端设置风筒传感器。

（2）为局部通风机配置开停传感器及负压传感器。

（3）在被控开关的负荷侧设置馈电传感器（监测被控设备在甲烷超限时是否断电）。

（4）在掘进管廊测风站内设置甲烷传感器和风速传感器。

（5）在掘进管廊内作业人员集中地点设置氧气传感器、一氧化碳传感器、二氧化碳传感器、温度传感器、风速传感器。

（6）在盾构机操作室内设置氧气传感器、一氧化碳传感器、甲烷传感器、二氧化碳传感器、温度传感器。

（7）在泥浆泵附近设置一氧化碳传感器、甲烷传感器、温度传感器。

3. 使用和维护

1）检修机构

项目部建立安全测控仪器检修室，负责安全测控仪器的调校、维护和维修工作。检修室配备甲烷传感器、测定器检定装置、稳压电源、示波器、频率计、万用表、流量计、声级计等仪器装备。

2）校准气体

以标准气体为标准，用气相色谱仪或红外线分析仪进行分析定值，其不确定度应小于 5%。高压气瓶的使用管理按国家有关气瓶安全管理的规定执行。

3）调校

安全测控仪器设备要定期调校。安全测控仪器在使用前和大修后，须按产品使用说明书的要求测试、调校至合格，并在地面试运行 24～48h 方能运入管廊。安全测控仪器的调校包括零点、显示值、报警点、断电点、复电点、控制逻辑等的调校。安全测控仪器在管廊内连续运行 6～12 个月后，必须运出检修。为保证甲烷超限断电和停风断电功能准确可靠，每隔 10d（天）必须对甲烷超限断电闭锁和甲烷风电闭锁功能进行测试。

4）维护

管廊内安全监测工应 24h 值班，每天检查安全监控系统及电缆的运行情况。使用便携式甲烷检测报警仪与甲烷传感器进行对照，并将记录和检查结果报地面中心站值班员。当两者读数误差大于允许误差时，以读数较大者为依据，同时采取安全措施，并必须在 8h 内将两种仪器调准。

5）报废

安全测控仪器符合下列情况之一，就可以报废：设备老化、技术落后或超过规定使用年限；通过修理，虽能恢复精度和性能，但一次修理费用超过原价 80% 以上；严重失爆，不能修复；遭受意外灾害，损坏严重，无法修复；国家或有关部门规定应淘汰。

6）地面中心站管理

地面中心站 24h 有人值班。值班人员时刻关注监视器所显示的各种信息，详细记录系统各部分的运行状态，填写运行日志，打印安全监控日报表，报项目部主要负责人和项目部主要技术负责人审阅。当系统发出报警、断电、馈电异常信息时，中心站值班人员须立即通知项目部调度部门，查明原因，并将处理结果记录备案。值班人员若发现煤矿安全监控系统通信中断或出现无记录的情况，必须查明原因，并根据具体情况给出处理意见，处理情况记录备案，上报值班领导。

7）管理制度与技术资料

建立安全测控管理机构。安全测控管理机构由项目部主要技术负责人领导，配备足够的人员；制订有害气体事故应急预案、安全测控岗位责任制、操作规程、值班制度等规章制度。从事安全测控仪器管理、维护、检修的人员及值班人员应在培训合格后，持证上岗。建立日常账卡及报表；绘制安全测控布置图和断电控制图，并根据掘进工作的情况变化及时修改。安全监控系统和网络中心每 3 个月对数据进行 1 次备份，备份数据的保存时间应不少于 2 年。图纸、技术资料的保存时间应不少于 2 年。

3.2.2 一体化调度通信系统

选用基于软交换技术的 KT352 型有线无线一体化调度通信系统，实现管廊施工过程中的生产调度通信和无线移动通信，主机设备放置在地面工程指挥部内。

在地面工程指挥部及掘进管廊内相关生产岗位设置有线调度电话，实现地面至管廊内掘进岗位的生产调度通信。一条矿用通信电缆 MHYBV-10×2×0.8 沿管廊侧壁引至管廊内分线盒，经分线盒分线后，引至掘进面调度岗位。在地面工程指挥部和管廊掘进面安装基站，给工程管理人员及施工人员配备本安型手机，实现管廊内及地面移动通信。一体化调度通信系统网络结构如图 3-5 所示。

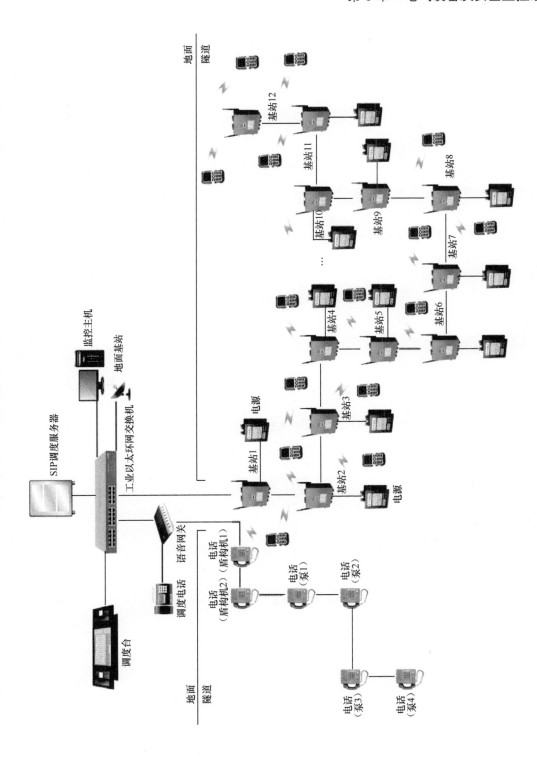

图 3-5　一体化调度通信系统网络结构

3.3 有害气体安全监测装备

3.3.1 瓦斯及其他气体检测设备

参考《煤矿安全规程》的要求，参照《矿井通风安全装备标准》，设计配备瓦斯及其他气体检测设备，详见表 3-1。

表 3-1 瓦斯及其他气体检测设备配备表

序号	设备名称	型号	单位	数量	备注
1	瓦斯检定器校正仪	GJX-2	台	1	—
2	便携式瓦斯检测报警仪	AZJ-91	台	30	—
3	充电器	MK-12LL	台	3	—
4	便携式多参数测定器	CD4	台	3	—
5	光干涉式甲烷测定器	CJG10B	台	3	—

3.3.2 灭火设备

参考《煤矿安全规程》的要求，参照《矿井通风安全装备标准》，设计配备灭火设备，详见表 3-2。

表 3-2 灭火设备配备表

序号	种类	单位	数量	备注
1	二氧化碳灭火器	台	4	—
2	8kg 干粉灭火器	台	4	—
3	10L 泡沫灭火器	台	10	—
4	60kg 干粉灭火器	台	10	—

3.4 个体劳动保护

煤矿作为典型的瓦斯地层生产空间，其个体劳动保护采用矿用 MA 防爆型个人保护装备，如图 3-6 所示。

在瓦斯地层管廊盾构施工中，参照煤矿的做法进行如下安排。

（1）矿灯按集中管理方式设计，按工人每人 1 盏，管理人员及技术人员两人 1 盏进行配备，并考虑 25%的备用量，共配备矿灯(60+12/2)×1.25≈83（盏）。

图 3-6　矿用 MA 防爆型个人保护装备

（2）自救器按集中管理方式设计，集中存放在矿灯房内，选用 ZH30 隔绝式化学氧自救器，共配备 83 台。

（3）为管廊内作业人员配备必要工作服、手套、胶鞋、眼镜、口罩、安全帽等劳动保护用品，其中，工作服、手套、口罩应采用棉质材质。

（4）为操作、维护、检修人员配备必要的工作安全帽、绝缘手套、胶鞋等劳动保护用品。

（5）为在噪声较大的地方工作的人员配备消音耳塞等保护用品。

3.5　人员定位监测系统

设置人员定位监测系统，对进入管廊内的人员进行监测，实现考勤管理，并对管廊内作业人员的分布情况进行动态跟踪，可随时查询进入管廊内人员的身份，以及进入管廊的次数、进入管廊的时间或在任一指定时间段内的活动踪迹。

系统主站与一体化调度通信系统集成，配置人员定位软件，实现人员定位管理。管廊无线基站内配置人员定位模块，每个无线基站设置两台读卡器。

在管廊入口处、管廊通道内、配电点附近、盾构机等处设置无线基站或读卡器，对管廊全通道内人员工作及运动情况进行监测。

第 4 章

Chapter 4/ 消防安全系统

4.1 电力管廊工程消防安全概况

电力管廊中敷设的电缆不仅回路多，而且排列相对密集。不同电压等级、不同用途的电缆混杂交错，任意一条电缆发生故障，都有可能波及其他回路。管廊中电缆线路的安全，直接关系电网的运行安全。如果不加强消防设施的建设，则可能延误事故处置，从而造成重大的经济损失。典型案例如于 2016 年 10 月发生的日本埼玉县新座市地下电缆隧道火灾，造成东京市中心大规模停电。近几年，国内城市也曾发生多起电力管廊火灾事故。2007 年，国内某城市发生 220kV 变电站全停事故，原因是隧道内一路消弧线圈接地系统的 10kV 电缆出现故障，接地电弧引燃管廊内堆积的光缆，大火烧毁了同隧道的 110kV 电缆，加之上级保护拒动，最后导致 220kV 变电站全停事故。

电力管廊火灾事故具有以下特点。

（1）起火迅速，火势猛烈，不易控制。电力管廊及综合管廊电力舱中电缆密集且数量巨大，一旦某根电缆起火，会很快波及相邻电缆，造成电缆的成束延燃，并引起短路，造成火灾快速蔓延，火势猛烈，难以控制。

（2）高温有毒烟雾积聚，严重威胁人员生命安全。由于隧道或管廊是地下建筑物，内部横截面窄而狭长，当电缆燃烧时，会产生大量的有毒热浓烟（主要成分是氯化氢气体），并使管廊中温度普遍升高，强烈的剧毒烟雾、燃烧气化的金属粉尘会给火灾救援人员造成严重的伤害。

（3）抢险救援十分困难，损失严重。隧道或管廊空间狭小，能见度差，火灾时烟雾弥漫，很难发现着火点，扑救困难，火灾危害性和破坏性大；另外，火灾后恢复时间长，难度大，造成企业大面积停产，损失惨重。

电力管廊的消防理念是"预防为主，防消结合"。目前，根据电力管廊功能定位、空间结构及应用场所的不同，主要从以下 4 个方面进行消防设计及配置：在火灾形成前提供预报警，以避免火灾的发生；防止或最大限度地减轻火灾对电缆的破坏；设立防火分

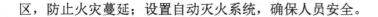

区，防止火灾蔓延；设置自动灭火系统，确保人员安全。

在电力管廊中采取的消防措施主要如下。在普通管廊内，大多配置手提式灭火器，每隔 25m 摆放 1 个消防箱，内设若干磷酸铵盐干粉灭火器；采用干粉灭火装置，将传统灭火系统的灭火剂存储、释放、自动感应温度启动等功能集于一体，安装简单、调整方便、灭火针对性强；在重要变电站安装水喷雾系统、水喷淋灭火系统、细水雾灭火系统和气体灭火系统。

苏通 GIL 综合管廊于 2019 年建设完成，其中消防系统由国网江苏检修公司特高压中心建设完成，消防系统主要包括火灾报警控制器、悬挂式超细干粉灭火系统、消防水系统和移动式灭火器。火灾报警控制器置于东吴站、南/北站及管廊内部，可实现全范围内的消防报警、信息共享和灭火设备的联动控制；悬挂式超细干粉灭火系统安装于管廊下腔巡视通道内的配电柜集中区域；消防水系统分布于南/北站，包括消防泵房中的消防水泵 2 台、高位消防水箱间中的消防稳压装置 1 套和室内外消火栓；移动式灭火器选用手提式/推车式磷酸铵盐干粉灭火器，分布于南/北站内的各建筑物和管廊中。

苏通 GIL 综合管廊通风系统主要包含管廊上下腔通风系统、SF_6 通风系统、南/北站辅助建筑通风系统；共设置 6 台大型立式轴流风机（负责隧道上腔通风）、4 台大型卧式轴流风机（负责隧道下腔巡视通道通风）、4 台 SF_6 专用离心排风机（负责 SF_6 排除通风）；南站辅助建筑通风系统共设 30 台轴流风机、3 台天花板管式排风扇；北站辅助建筑通风系统共设 23 台轴流风机、3 台天花板管式排风扇。

4.2　苏通 GIL 综合管廊消防系统

图 4-1 与图 4-2 分别为苏通 GIL 综合管廊横截面及工程示意。相关系统包括消防及通风联动系统、光纤测温系统、视频监控系统、应急广播及逃生指挥系统、环境监测系统、单兵人员管理系统及大屏拼接显示系统。

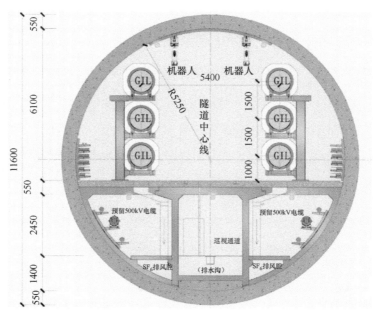

注：图中数字的单位默认为mm。

图 4-1　苏通 GIL 综合管廊横截面

图 4-2　苏通 GIL 综合管廊工程示意

1. 火灾报警控制器

1）设备分布及配置

在南/北站及管廊内部设置各类火灾探测器、手动报警按钮、声光报警器、消防联动控制系统及相应的辅助设备等，具体分布情况如下。

南站辅助建筑各楼层、消防泵房与警卫室的火灾报警设备分布如表 4-1 所示。

表 4-1　南站辅助建筑各楼层、消防泵房与警卫室的火灾报警设备分布

序号	设备名称	南站									
		地上四层	地上三层	地上二层	地上一层	地下一层	地下二层	地下三层	消防泵房	警卫室	合计
1	火灾报警主机箱（个）	0	0	0	2	0	0	0	0	0	2
1.1	火灾报警控制器（个）	0	0	0	2	0	0	0	0	0	2
1.2	联动控制器（手动控制盘）（个）	0	0	0	2	0	0	0	0	0	2
1.3	消防电话主机（个）	0	0	0	2	0	0	0	0	0	2
1.4	输入/输出模块（个）	0	0	0	8	0	0	0	0	0	8
1.5	火灾计算机图形显示系统（个）	0	0	0	2	0	0	0	0	0	2
1.6	电源监控器（个）	0	0	0	2	0	0	0	0	0	2
2	模块箱（个）	1	4	3	4	2	3	3	1	1	22
2.1	信号线短路隔离器（个）	1	4	3	4	2	3	3	1	1	22
2.2	电源线短路隔离器（个）	1	4	3	4	2	3	3	1	1	22
2.3	输入模块（个）	1	14	8	6	8	8	9	10	1	65
2.4	输入/输出模块（个）	1	13	8	10	6	7	7	2	1	55
3	防爆隔离箱（个）	0	1	1	0	0	0	0	0	0	2
3.1	输入模块（个）	0	1	1	0	0	0	0	0	0	2
3.2	安全栅（个）	0	1	1	0	0	0	0	0	0	2
3.3	点式防爆感烟探测器（个）	0	2	2	0	0	0	0	0	0	4
4	点式感烟探测器（个）	2	27	26	18	20	17	14	2	1	127
5	手动报警按钮（个）	1	3	2	4	2	2	2	1	1	18
6	火灾声光警报器（个）	1	4	4	4	2	2	2	1	1	21
7	消防电话（个）	1	3	2	4	2	2	2	1	1	18
8	火灾显示盘（个）	1	1	1	1	1	1	1	0	0	7
9	感温电缆终端盒（个）	0	4	2	0	4	2	2	0	0	14
10	感温电缆接口盒（个）	0	4	2	0	4	2	2	0	0	14
11	感温电缆（m）	0	200	150	0	1000	500	100	0	0	1950
12	消火栓起泵按钮（个）	2	5	5	6	4	6	6	0	0	34
13	可燃气体（氢气）探测器（个）	0	2	2	0	0	0	0	0	0	4
14	氢气浓度控制器（个）	0	0	0	1	0	0	0	0	0	1
15	管路吸气式感烟探测器（套）	0	0	0	1	0	0	0	0	0	1
16	反射式线型光束感烟探测器（套）	0	0	0	0	2	3	3	0	0	8

注：列表中二级标题所对应的设备安装在一级标题所对应的设备内，如"1.1 火灾报警控制器"安装在"1 火灾报警主机箱"内；其他表格也参照此规则。

北站辅助建筑各楼层、消防泵房与警卫室的火灾报警设备分布如表 4-2 所示。

表 4-2　北站辅助建筑各楼层、消防泵房与警卫室的火灾报警设备分布

序号	设备名称	北站										合计
		地上四层	地上三层	地上二层	地上一层	地下一层	地下二层	地下三层	地下四层	消防泵房	警卫室	
1	火灾报警主机箱（个）	0	0	0	1	0	0	0	0	0	0	1
1.1	火灾报警控制器（个）	0	0	0	1	0	0	0	0	0	0	1
1.2	联动控制器（手动控制盘）（个）	0	0	0	1	0	0	0	0	0	0	1
1.3	消防电话主机（个）	0	0	0	1	0	0	0	0	0	0	1
1.4	输入/输出模块（个）	0	0	0	4	0	0	0	0	0	0	4
1.5	火灾计算机图形显示系统（个）	0	0	0	1	0	0	0	0	0	0	1
1.6	电源监控器（个）	0	0	0	1	0	0	0	0	0	0	1
1.7	防火门监控主机（个）	0	0	0	1	0	0	0	0	0	0	1
2	模块箱（个）	1	2	2	4	2	2	2	3	1	1	20
2.1	信号线短路隔离器（个）	1	2	2	4	2	2	2	3	1	1	20
2.2	电源线短路隔离器（个）	1	2	2	4	2	2	2	3	1	1	20
2.3	输入模块（个）	1	10	4	8	10	7	6	9	10	1	66
2.4	输入/输出模块（个）	1	14	11	12	7	8	7	11	2	1	74
3	防爆隔离箱（个）	0	1	1	0	0	0	0	0	0	0	2
3.1	输入模块（个）	0	1	1	0	0	0	0	0	0	0	2
3.2	安全栅（个）	0	1	1	0	0	0	0	0	0	0	2
3.3	点式防爆感烟探测器（个）	0	2	2	0	0	0	0	0	0	0	4
4	点式感烟探测器（个）	2	20	22	12	19	19	19	14	2	2	131
5	手动报警按钮（个）	1	2	2	4	2	2	2	3	1	1	20
6	火灾声光警报器（个）	1	3	3	4	2	2	2	3	1	1	22
7	消防电话（个）	1	2	2	4	2	2	2	3	1	1	20
8	火灾显示盘（个）	1	1	1	1	1	1	1	1	0	0	8
9	感温电缆终端盒（个）	0	3	1	0	4	2	2	2	0	0	14
10	感温电缆接口盒（个）	0	3	1	0	4	2	2	2	0	0	14
11	感温电缆（m）	0	400	200	0	800	200	300	300	0	0	2200
12	消火栓起泵按钮（个）	2	4	6	6	7	7	7	7	0	0	46
13	可燃气体（氢气）探测器（个）	0	2	2	0	0	0	0	0	0	0	4
14	氢气浓度控制器（个）	0	0	0	1	0	0	0	0	0	0	1
15	管路吸气式感烟探测器（套）	0	0	0	2	0	0	0	0	0	0	2
16	反射式线型光束感烟探测器（套）	0	0	0	0	4	4	4	4	0	0	16
17	监控模块（含接线盒）	0	16	14	10	4	5	5	8	0	0	62
18	门磁开关	0	26	22	11	6	6	6	12	0	0	89
19	门磁释放器	0	0	0	0	0	0	0	6	0	0	6

管廊上下腔各分区的火灾报警设备分布如表 4-3 所示。

表 4-3 管廊上下腔各分区的火灾报警设备分布

序号	腔体	设备名称	分区												合计
			S1	S2	S3	S4	S5	S6	N6	N5	N4	N3	N2	N1	
1	上腔	火灾报警按钮（个）	6	10	10	10	10	10	10	10	10	10	10	4	110
2		消防电话分机（个）	2	2	3	2	3	2	3	2	3	2	3	1	28
3		火灾声光报警器（个）	6	10	10	10	10	10	10	10	10	10	10	4	110
4		电缆终端盒（个）	18	36	36	36	36	36	36	36	36	36	36	18	396
5		感温电缆（m）	2118	4236	4236	4236	4236	4236	4236	4236	4236	4236	4236	1764	46242
6		电缆接口盒（个）	18	36	36	36	36	36	36	36	36	36	36	18	396
7		点式感烟探测器（个）	31	63	62	63	62	63	62	63	62	63	62	28	684
1	下腔	区域火灾报警控制器（个）	1	1	1	1	1	1	1	1	1	1	1	1	12
2		模块箱（个）	2	5	5	5	5	5	5	5	5	5	5	2	54
3		电源短路隔离器（个）	2	5	5	5	5	5	5	5	5	5	5	2	54
4		信号短路隔离器（个）	4	10	10	10	10	10	10	10	10	10	10	4	108
5		火灾报警按钮（个）	9	15	17	17	16	17	17	16	17	17	16	8	182
6		消防电话分机（个）	2	2	3	3	3	2	3	3	3	2	3	1	31
7		火灾声光报警器（个）	9	15	17	17	16	17	17	16	17	17	16	8	182
8		电缆终端盒（个）	6	12	12	12	12	12	12	12	12	12	12	6	132
9		感温电缆（m）	706	1412	1412	1412	1412	1412	1412	1412	1412	1412	1412	588	15414
10		电缆接口盒（个）	6	12	12	12	12	12	12	12	12	12	12	6	132
11		点式感烟探测器（个）	25	50	50	50	50	50	50	50	50	50	50	22	547
12		防火门控制器（个）	2	2	2	2	2	2	2	2	2	2	2	2	24
13		门磁开关及磁释放器（个）	4	4	4	4	4	4	4	4	4	4	4	4	48
14		防火门监控分机（个）	1	1	1	1	1	1	1	1	1	1	1	1	12
15		干粉灭火控制器（个）	1	1	1	1	1	1	1	1	1	1	1	1	12

管廊上下腔中火灾报警设备的配置原则与安装位置如表 4-4 所示。

表 4-4 管廊上下腔中火灾报警设备的配置原则与安装位置

序号	腔体	设备名称	配置原则	安装位置
1	上腔	点式感烟探测器（个）	每 8m 一个，纵向沿上腔顶部正中间敷设	DK0+4、DK0+12、…、DK5+468
2		火灾报警按钮（个）	每 50m 一个，安装在上腔左侧由上至下第三层 GIL 支架上	DK0+5、DK0+50、…、DK5+450
3		消防电话分机（个）	每 200m 一个，安装在上腔左侧由上至下第三层 GIL 支架上	DK0+5、DK0+200、…、DK5+400
4		火灾声光报警器（个）	每 50m 一个，安装在上腔左侧由上至下第一层 GIL 支架上	DK0+5、DK0+50、…、DK5+450
5		感温电缆接口盒、终端盒（个）	每 50m 或 100m 一个，安装在上腔两侧由上至下第二、三、四层电力电缆槽盒中	—
6		感温电缆（m）	在电力电缆上 S 形敷设	—

（续表）

序号	腔体	设备名称	配置原则	安装位置
1	下腔	点式感烟探测器（个）	每 10m 一个，纵向沿下腔顶部正中间敷设	DK0+5、DK0+15、…、DK5+465
2		火灾报警按钮（个）	每 30m 一个，安装在下腔巡视通道右侧（高度 1.4m 处）	DK0+5、DK0+35、…、DK5+465
3		消防电话分机（个）	每 180m 一个，安装在下腔巡视通道右侧（高度 1.4m 处）	DK0+5、DK0+185、…、DK5+435
4		火灾声光报警器（个）	每 30m 一个，安装在下腔巡视通道左侧顶部	DK0+5、DK0+35、…、DK5+465
5		模块箱（个）	每 100m 一个，安装在下腔巡视通道右侧（高度 1.3m 处）	DK0+100、DK0+200、DK5+400
6		防火门控制器（个）	每个防火分区设置两个，安装在下腔巡视通道左侧（高度 2.2m 处）	见火灾报警设备清单
7		门磁开关及磁释放器（个）	每扇防火门设置一个，安装在下腔巡视通道防火门顶部（高度约 2.2m 处）	见火灾报警设备清单
8		防火门监控分机（个）	每个消防分区设置一个，安装在下腔巡视通道右侧（高度 1.4m 处）	见火灾报警设备清单
9		区域火灾报警控制器	每个消防分区设置一个，安装在下腔巡视通道右侧（高度 1.4m 处）	见火灾报警设备清单

2）火灾报警系统的消防联动及相关负荷切除

南/北站内消防联动控制的启动条件为同层有 2 点不同类型的火灾报警启动，具体的联动控制功能如下。

（1）与通风机的联动控制：当建筑内发生火灾时，联动关闭相应防火阀，联动控制着火层及上下两层的加压送风口开启并启动全部加压送风机，接收其状态反馈信号。

（2）与消防电梯的联动控制：当建筑内发生火灾时，强制消防电梯停于首层，供消防人员使用，并接收其状态反馈信号。

（3）与广播呼叫系统的联动控制：当建筑内发生火灾时，将广播系统强制切换为消防应急广播。

（4）与视频监控系统的联动控制：当建筑内发生火灾时，联动视频摄像机并调出火灾区域的影像。

（5）与门禁系统的联动控制：当建筑内发生火灾时，联动门禁系统并打开火灾区域的门禁。

管廊内消防联动控制的启动条件为同区域有 2 点不同类型的火灾报警启动，具体的联动控制功能如下。

（1）与悬挂式干粉灭火系统的联动控制：当某区域发生火灾时，联动控制火灾区域的干粉灭火系统启动，并启动对应分区的火灾声光报警器和释放门灯。

（2）与通风机的联动控制：当某区域发生火灾时，联动关闭管廊内的通风机。

（3）与广播呼叫系统的联动控制：当某区域发生火灾时，将广播系统强制切换为消防应急广播。

（4）与视频监控系统的联动控制：当某区域发生火灾时，联动视频摄像机并调出火灾区域的影像。

（5）与门禁系统的联动控制：当某区域发生火灾时，联动门禁系统并打开火灾区域的门禁。

南站火灾消防切除的电源负荷包括管廊上腔/下腔、SF_6 专用离心排风机、南站工作井风机，南岸建筑物暖通、插座、行车、照明。

北站火灾消防切除的电源负荷包括管廊上腔/下腔、SF_6 专用离心排风机、北岸工作井风机，北岸建筑物暖通、插座、行车、照明。

2．悬挂式超细干粉灭火系统

1）系统配置

管廊部分不考虑消防水系统，仅设置了移动式消防设施。根据管廊下腔中部巡视通道中配电柜集中区域的分布情况，在管廊内设置了 12 个消防分区，每个消防分区配有一套悬挂式超细干粉灭火系统。悬挂式超细干粉灭火系统的组成如表 4-5 所示。

表 4-5　悬挂式超细干粉灭火系统的组成

序号	设备名称	数量	主要功能	安装地点
1	壁挂式干粉灭火控制器（个）	1	接收火灾报警信号，控制悬挂式超细干粉灭火器、声光报警器和释放门灯	消防分区入口距地 1.5m 处
2	备用电源箱（个）	1	在交流电源断开时，向壁挂式干粉灭火控制器供电	壁挂式干粉灭火控制器内

（续表）

序号	设备名称	数量	主要功能	安装地点
3	手动启动按钮（个）	1	就地启动干粉灭火器	壁挂式干粉灭火控制器面板上
4	手动停止按钮（个）	1	就地停止干粉灭火器	壁挂式干粉灭火控制器面板上
5	泄压装置（个）	2	泄放干粉灭火器动作后保护分区内的压力	—
6	声光报警器（个）	1	声光火灾报警提示	消防分区入口处
7	释放门灯（个）	1	指示干粉灭火器的释放状态	消防分区入口处
8	悬挂式超细干粉灭火器（个）	7~15	干粉灭火	巡视通道顶部
9	延时分配器（个）	1~2	多干粉灭火器的延时控制	—

管廊内各分区悬挂式超细干粉灭火系统的组成如表 4-6 所示。

表 4-6　管廊内各分区悬挂式超细干粉灭火系统的组成

序号	设备名称	分区												合计
		S1	S2	S3	S4	S5	S6	N6	N5	N4	N3	N2	N1	
1	干粉灭火控制器（个）	1	1	1	1	1	1	1	1	1	1	1	1	12
2	备用电源箱（个）	1	1	1	1	1	1	1	1	1	1	1	1	12
3	手动启动按钮（个）	1	1	1	1	1	1	1	1	1	1	1	1	12
4	手动停止按钮（个）	1	1	1	1	1	1	1	1	1	1	1	1	12
5	泄压装置（个）	2	2	2	2	2	2	2	2	2	2	2	2	24
6	声光报警器（个）	1	1	1	1	1	1	1	1	1	1	1	1	12
7	释放门灯（个）	1	1	1	1	1	1	1	1	1	1	1	1	12
8	超细干粉灭火器（个）	10	15	10	15	10	10	10	10	15	10	15	10	140
9	延时分配器（个）	1	2	1	2	1	1	1	1	2	1	2	1	16

2）控制方式

悬挂式超细干粉灭火装置采用电控启动方式，具体的控制方式包括远方控制、就地控制和机械应急控制。

（1）远方控制

当采用远方控制模式时，灭火装置既可以由火灾报警系统联动控制，也可以由消防控制室内的火灾报警控制器遥控控制。

在联动控制方式下，在干粉灭火控制器收到本消防分区的两个不同类型的火灾探测信号后，干粉灭火控制器启动，联动关闭本防火分区的防火门和管廊内的通风机，同时启动本防火分区的声光报警器。在干粉灭火控制器启动 30s 后，灭火装置开始喷放，在干粉灭火控制器接收到喷放的反馈信号后，点亮防火分区入口处的释放门灯。

当联动控制异常时，则需要通过消防控制室的火灾报警控制器手动启动火灾分区的干粉灭火系统。

（2）就地控制

当干粉灭火控制器采用就地控制模式时，灭火装置可以在每个防火分区入口处的干粉灭火控制器上手动启动。

干粉灭火控制器面板上还设有手动停止按钮，当运维人员发现无须启动灭火装置时，可以按下手动停止按钮，启动风机并打开分区防火门，同时关闭防护区的声光报警器和释放门灯。手动停止按钮可在灭火装置启动后和灭火剂喷放前的延迟阶段中止启动过程，在使用手动停止按钮后，手动启动装置仍可再次启动。

（3）机械应急控制

当远方控制及就地控制均不可行时，采用机械应急控制模式，以人工方式打开灭火器阀门进行灭火。

悬挂式超细干粉灭火系统联动控制原理示意如图 4-3 所示。

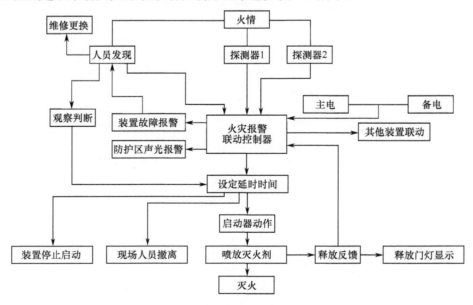

图 4-3　悬挂式超细干粉灭火系统联动控制原理示意

3．消防水系统

1）系统配置

在南/北站内分别设置消防泵房及消防水池各 1 座，为节约用地，采用上下布置的合建方式，消防水池的有效容积为468m³。每个消防泵房内设置电动长轴深井消防泵 2 台，其中工作泵 1 台，备用泵 1 台。消防泵的流量 Q 为 40L/s，扬程 H 为 80m，电机功率 N 为 55kW，电压 V 为 400V。

南/北岸配套辅助建筑楼顶均设有高位消防水箱 1 座，水箱的有效容积为18m³。水箱的出水管与气压稳压装置相连，气压稳压装置由 2 台立式稳压泵和 1 个囊式气压罐组成。气压稳压装置的流量 Q 为 10m³/h，扬程 H 为 0.5MPa，公称压力电机功率 N 为 3kW，电压 V 为 400V；囊式气压罐的直径 Φ 为 1000mm，扬程 H 为 2600mm，公称压力 PN 为 0.5MPa，标定容积为 300L。

南/北站室外消防水量均为 25L/s，由市政自来水供给，为低压消防给水系统。沿南/北站户外场地区道路分别布置了 7 个室外消火栓 SSF100/65-1.0，每个室外消火栓旁设置室外消火栓箱，内含 DN100mm 出口 1 只、DN65mm 出口 2 只，并配置麻质衬胶水龙带、直流/喷雾水枪。

南/北站室内消防水量均为 40L/s，由消防泵房和高位消防水箱供给，为临时高压消防给水系统。南岸辅助建筑内配置了 35 个室内消火栓（含 1 个试验消火栓），北岸辅助建筑内配置了 45 个室内消火栓（含 1 个试验消火栓）。室内消火栓为减压稳压消火栓，栓口及水龙带直径为 65mm，水龙带长 25m，配置 D19 直流/喷雾两用水枪，消防软管卷盘配置长度为 30m 且内径不小于 19mm 的消防软管。南/北站辅助建筑室内消火栓分布如表 4-7 所示。

表 4-7　南/北站辅助建筑室内消火栓分布

序号	引接站	设备名称	地上四层	地上三层	地上二层	地上一层	地下一层	地下二层	地下三层	地下四层
1	南	室内消火栓（个）	1	5	5	6	4	7	6	0
2		试验消火栓（个）	1	0	0	0	0	0	0	0
1	北	室内消火栓（个）	1	4	6	6	7	6	7	7
2		试验消火栓（个）	1	0	0	0	0	0	0	0

2）消防泵控制方式

南/北站消防泵房内分别设置了 2 台消防泵，所有消防泵均采用同样的控制方式，主要包括自动控制、手动控制、应急控制。

（1）自动控制

当消防泵控制器上自动/手动转换开关打至"1 号泵用 2 号泵备"或者"2 号泵用 1 号泵备"时，消防泵处于自动控制模式，既可以在消防控制室遥控控制，也可以根据消防管网压力变化自动启动，自动启动的条件（以"1 号泵用 2 号泵备"为例）如下。

当消防泵出口压力下降至 0.41MPa 时，1 号消防泵启动；

当消防泵出口压力继续下降至 0.34MPa 且 1 号消防泵启动失败时，2 号消防泵启动，同时发出低压报警信号并上传至主控室；

当消防泵出口压力大于 1.05MPa 时，发出消防管网高压报警信号并上传至主控室。

（2）手动控制

当消防泵控制器的自动/手动转换开关打至"手动"时，消防泵处于手动控制模式。当按下"1 号消防泵启动"或者"1 号消防泵停止"时，可以实现 1 号消防泵的就地启停；当按下"2 号消防泵启动"或者"2 号消防泵停止"时，可以实现 2 号消防泵的就地启停。

（3）应急控制

当自动控制和手动控制均异常时，消防泵可以在消防泵房内的应急启动柜上强制启动。

消防泵平时处于自动启泵状态，但不设置自动停泵的控制功能，停泵应由具有管理权限的运维人员根据火灾扑救情况手动操作。消防泵控制柜内设有以专用线路连接的就地强制启停泵按钮，并配有保护装置。

消防泵具有定时、低速、无压动态巡检功能，巡检可以由运维人员定时在消防控制室内的巡检控制柜上手动进行，也可以由巡检控制柜自动完成。在启动巡检后，消防泵以低频交流电源逐台运行，每台低频运行的时间不少于 2min，巡检的最高频率不超过 10Hz。

3）气压稳压装置控制方式

南/北站配套辅助建筑楼顶均设有 1 座高位消防水箱和 1 套气压稳压装置，每套气压稳压装置包含 2 台立式稳压泵、1 个囊式气压罐和 1 个稳压控制柜。所有稳压装置均采用同样的控制方式，具体如下。

（1）自动控制

当稳压控制柜的自动/手动切换开关打至"自动"时，稳压泵既可以在消防控制室内遥控控制，也可以根据消防管网压力变化进行自动控制，自动启动的条件如下。

当稳压泵出口压力下降至 0.3MPa 时，1 号稳压泵启动；

当稳压泵出口压力上升至 0.375MPa 时，1 号稳压泵停止；

当稳压泵出口压力再次下降至 0.3MPa 时，2 号稳压泵启动。2 台稳压泵 1 备 1 用，自动切换，交替运行。

（2）手动控制

当稳压控制柜的自动/手动切换开关打至"手动"时，稳压泵可以在消防水箱间内的稳压控制柜上手动启停。

消防稳压装置平时采用自动控制方式，维持消防供水管网的压力处于 0.48～0.55MPa 的范围内。

4）消防水池及高位消防水箱的进出水控制方式

南/北引接站内的消防水池和高位消防水箱的给水均来自市政自来水，每座消防水池和消防水箱均配置了液位计，该液位计可以输出两路 4~20mA 的模拟量信号，一路至就地控制屏，另一路至消防控制主盘。信号类型包括最高报警水位、最低报警水位及水泵工作情况等。消防水箱和消防水池可以根据当前水位情况调整自身的进水量。

（1）消防水池的进出水控制方式

消防水池的正常水位为 6.4m。

当水位低于最低报警水位（6.35m）时，低水位报警；

当水位高于 6.4m 时，说明浮球阀无法关闭，高水位报警；

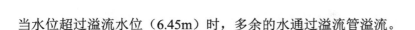

当水位超过溢流水位（6.45m）时，多余的水通过溢流管溢流。

（2）高位消防水箱的进出水控制方式

高位消防水箱的正常水位为1.7m。

当水位低于最低报警水位（1.6m）时，低水位报警；

当水位高于1.7m时，说明浮球阀无法关闭，高水位报警；

当水位超过溢流水位（1.75m）时，多余的水通过溢流管溢流。

4．移动式灭火器

1）南/北站的系统配置

南/北站及管廊内均配有移动式灭火器，成组（每2具为一组）安放在重要消防场所的便于取用地点。移动式灭火器采用手提式/推车式磷酸铵盐干粉灭火器，包括手提式干粉灭火器 MF/ABC2 型、MF/ABC4 型、MF/ABC5 型和推车式干粉灭火器 MFT/ABC50 型。

南站内移动式灭火器及辅助灭火设施的分布情况如表4-8所示。

表4-8　南站内移动式灭火器及辅助灭火设施的分布情况

序号	设备名称	南站									
		地上四层	地上三层	地上二层	地上一层	地下一层	地下二层	地下三层	消防泵房	警卫室	合计
1	手提式干粉灭火器 MF/ABC2 型（具）	0	0	0	0	0	0	0	2	2	4
2	手提式干粉灭火器 MF/ABC5 型（具）	2	16	14	14	12	18	12	0	0	88
3	推车式干粉灭火器 MFT/ABC50 型（具）	0	0	0	4	0	0	0	0	0	4
4	灭火器箱（套）	0	3	2	1	2	2	0	1	1	12
5	砂箱（个）	0	0	0	2	0	0	0	0	0	2
6	消防铅桶（个）	0	8	8	8	8	8	8	0	0	48
7	消防铲（个）	0	4	4	4	4	4	4	0	0	24
8	消防斧（个）	0	2	2	2	2	2	2	0	0	12

北站内移动式灭火器及辅助灭火设施的分布情况如表4-9所示。

表 4-9 北站内移动式灭火器及辅助灭火设施的分布情况

序号	设备名称	北站										合计
		地上四层	地上三层	地上二层	地上一层	地下一层	地下二层	地下三层	地下四层	消防泵房	警卫室	
1	手提式干粉灭火器 MF/ABC2 型（具）	0	0	0	0	0	0	0	2	2	4	8
2	手提式干粉灭火器 MF/ABC5 型（具）	2	16	16	20	14	16	18	14	0	0	116
3	推车式干粉灭火器 MFT/ABC50 型（具）	0	0	0	4	0	0	0	0	0	0	4
4	灭火器箱（套）	0	4	2	4	0	2	2	0	1	1	16
5	砂箱（个）	0	0	0	2	0	0	0	0	0	0	2
6	消防铅桶（个）	0	8	8	8	8	8	8	8	0	0	56
7	消防铲（个）	0	4	4	4	4	4	4	4	0	0	28
8	消防斧（个）	0	2	2	2	2	2	2	2	0	0	14

2）管廊内的系统配置

管廊内的移动式灭火器均采用手提式干粉灭火器 MF/ABC4 型，在管廊内重要位置的上下腔中各布置 2 具。

位置包括电缆隧道主要出入口、每隔 20m 隧道上下腔巡视通道右侧地面、管廊与辅助建筑连接处（管廊内），以及每隔 500m 上下腔联通处。

此外，在电缆隧道主要出入口、管廊与辅助建筑连接处（管廊内）及每隔 500m 上下腔联通处各配置 2 个正压式消防空气呼吸器、4 个防毒面具、1 个消防桶、1 个消防铲和 1 个消防斧，其中正压式消防空气呼吸器应放置在专用设备柜内，柜体应为红色并（固定）设置标志牌。

GIL 综合管廊内移动式灭火器及辅助灭火设施的分布情况如表 4-10 所示。

表 4-10 GIL 综合管廊内移动式灭火器及辅助灭火设施分布情况

序号	设备名称	数量	备注
1	手提式干粉灭火器 MF/ABC4 型（具）	1200	—
2	室内型灭火器箱（套）	600	放置 2 具（1 组）干粉灭火器
3	消防桶（个）	600	—
4	消防砂箱（个）	600	装满黄砂
5	消防铲（个）	20	—
6	消防斧（个）	20	—
7	正压式消防空气呼吸器（个）	40	—
8	防毒面具（个）	80	—
9	专用设备柜（个）	20	放置 2 个（1 组）正压式呼吸器

综上所述，苏通 GIL 综合管廊工程的消防系统主要包括火灾报警控制器、悬挂式超细干粉灭火系统、消防水系统和移动式灭火器。火灾报警控制器由北京利达华信电子有限公司生产，分布于东吴站、南/北站及管廊内部，可实现全范围内消防报警、信息共享和灭火设备的联动控制；悬挂式超细干粉灭火系统由四川迪威消防设备制造有限公司生产，安装于隧道下腔巡视通道内的配电柜集中区域；消防水系统分布于南/北站内，消防泵由上海蓝工泵业有限公司生产，气压稳压装置由上海汇业机械科技有限公司生产；移动式灭火器采用手提式/推车式磷酸铵盐干粉灭火器，分布于南/北站内各建筑物及管廊中。

此外，南/北站配套辅助建筑的每层还配有消防铅桶、消防铲和消防斧，安全工具间内设有消防砂箱。管廊内的管廊与工作井连接处及上下腔联通处配置了正压式呼吸器、防毒面具等消防器材。

第 5 章

管廊运行环境监控

5.1　管廊安防系统与视频监控系统

5.1.1　安防系统

1. 系统配置

苏通 GIL 综合管廊安防系统包含电子围栏报警系统、红外对射探测装置、红外双鉴系统、高清动态摄像头、门禁系统等，安防系统分别接入南站报警系统、北站辅助控制系统。

（1）电子围栏报警系统。南站报警系统、北站围墙上各配置一套上海广拓 G5S211 双防区电子围栏报警系统，在南站报警系统、北站围墙上各布置 2 台主机、2 个区域控制器，4 线安装，各配报警器 2 个（安装在主机上）。

（2）红外对射探测装置。苏通 GIL 综合管廊南、北站大门上方分别设置 2 套山东中瑞 ABT-40 型红外对射探测装置。

（3）红外双鉴系统。南、北站采用 ED690B 型红外双鉴系统。北站地下三层、地下四层隧道入口处共安装 6 套，地上一层 4 个大门处共安装 4 套，消防泵房门处安装 1 套，共 11 套；南站地下三层、地下四层隧道入口处共安装 5 套，地上一层 4 个大门处共安装 4 套，消防泵房门处安装 1 套，共 10 套。隧道内每隔 500m 设置上下腔通道，在下腔通道顶部安装 1 套，共安 10 套，型号为深圳市豪恩安全科技有限公司的 LH-914C。

（4）高清动态摄像头。南、北站围墙四角各安装 4 套海康威视室外网络高速球机（带红外），用于安全监视，型号为 DS-2DE7220IW-D；同时在大门内外各布置 2 套固定枪机，型号为 DS-2CD2T55FD-I8。南、北站门卫室各布置 1 套工作站，供保安人员进行日常监视工作。

（5）门禁系统。苏通 GIL 综合管廊采用 HT304 型门禁系统。南站地下二层、地下三层、地上一层安装门禁系统（均为 4 门控制器，就地布置）；北站地下三层、地下四层、地上一层安装门禁系统（均为 4 门控制器，就地布置）。

2．电子围栏使用方法

电子围栏采用 G5S211 产品，由脉冲主机发射端输出 5000～10000V 的高压脉冲，通过围栏前端回到主机的接收端，形成正、负两个回路，当前端短路、断路时，会产生报警信号，报警信号可与其他安防系统联动。

1）脉冲主机介绍

脉冲主机面板示意如图 5-1 所示。

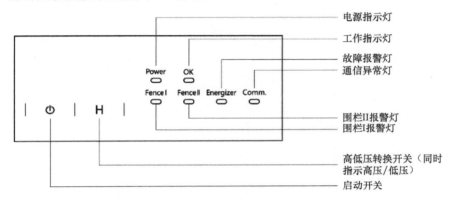

图 5-1　脉冲主机面板示意

（1） ⏻：启动开关，用于控制脉冲主机开机/关机。

（2）H/L：高低压切换开关，切换脉冲主机的输出电压状态，低压为 500～1000V，高压为 5000～10000V。只在脉冲模式和智能模式下操作有效。

（3）指示灯的显示说明如表 5-1 所示。

表 5-1　指示灯的显示说明

状态 ＼ 指示灯			Power 电源 指示灯	OK 工作 指示灯	Fence 围栏报警灯	Energizer 故障报警灯	H（High） 高压指示灯	L（Low） 低压指示灯
关机			绿灯亮	绿灯灭	红灯灭	红灯灭	绿灯灭	绿灯灭
开机	脉冲模式	高压	绿灯亮	绿灯亮	红灯灭	红灯灭	绿灯亮	绿灯灭
		低压					绿灯灭	绿灯亮
短路、断路、入侵			绿灯亮	绿灯亮	红灯亮	红灯灭	保持原 显示状态	保持原 显示状态
交流掉电 （主机用蓄电池供电状态）			绿灯亮	绿灯亮	红灯灭	红灯亮	保持原 显示状态	保持原 显示状态

2）脉冲主机接线说明

脉冲主机底面有一个插拔式的双层插座，用来输出连接信号及输入检测信号等，接线示意如图 5-2 所示。

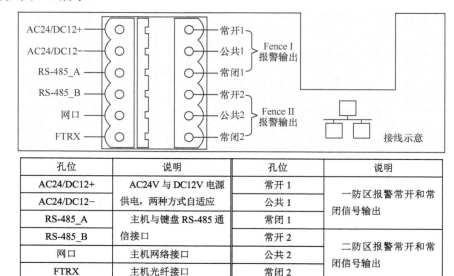

孔位	说明	孔位	说明
AC24/DC12+	AC24V 与 DC12V 电源供电，两种方式自适应	常开 1	一防区报警常开和常闭信号输出
AC24/DC12−		公共 1	
RS-485_A	主机与键盘 RS-485 通信接口	常闭 1	
RS-485_B		常开 2	二防区报警常开和常闭信号输出
网口	主机网络接口	公共 2	
FTRX	主机光纤接口	常闭 2	

图 5-2　脉冲主机接线示意

3）脉冲主机与电子围栏的线路连接

脉冲主机的输出端接线柱与前端电子围栏连接。

脉冲主机线路连接示意如图 5-3 所示。

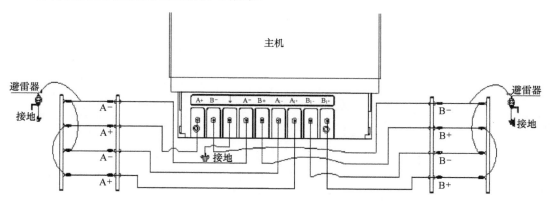

图 5-3　脉冲主机线路连接示意

电子围栏线路连接示意如图 5-4 所示。

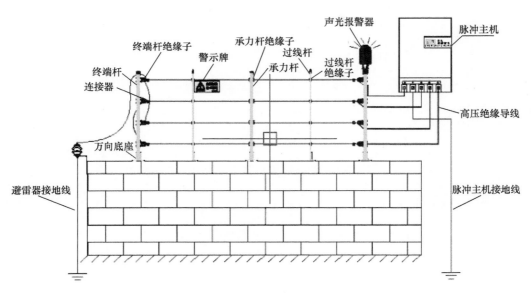

图 5-4　电子围栏线路连接示意

5.1.2　视频监控系统

1. 系统配置

苏通 GIL 综合管廊的视频监控系统使用杭州海康威视数字技术股份有限公司的产品，主机型号为 DS-8632N-I16。其中南站和北站布置的是高速球机、定焦枪机、户外全景高清摄像机，隧道内部布置的是室内智能跟踪型球机。详细情况如下。

（1）南站共布置室内高速球机（型号为 DS-2DE7220IW-D）29 个、防爆高速球机（型号为 DS-2DF6223-CX(WF)）3 个、定焦枪机（型号为 DS-2CD2T55FD-I8）3 个、户外全景高清摄像机（型号为 DS-2PT5306IZ-D）2 个。具体分布如下。

室内高速球机：地下三层（2 个）、地下二层（3 个）、地下一层（3 个）、地上一层（10 个）、地上二层（3 个）、地上三层（5 个）、地上四层（1 个）、消防泵房（2 个）。

防爆高速球机：地上二层通信蓄电池室（2 个）、地上三层蓄电池室（1 个）。

定焦枪机：地上一层东进门前室和西进门前室（2 个）、地上一层 GIL 布置区（1 个）。

户外全景高清摄像机：屋顶东侧墙顶和西侧墙顶（2 个）。

（2）北站共布置室内高速球机（型号为 DS-2DE7220IW-D）24 个、防爆高速球机（型号为 DS-2DF6223-CX(WF)）4 个，定焦枪机（型号为 DS-2CD2T55FD-I8）4 个、户外全景高清摄像机（型号为 DS-2PT5306IZ-D）2 个。具体分布如下。

室内高速球机：地下四层（2 个）、地下三层（3 个）、地下二层（1 个）、地下一层（1个）、地上一层（7 个）、地上二层（3 个）、地上三层（4 个）、地上四层（1 个）、消防泵房（2 个）。

防爆高速球机：地上二层通信蓄电池室（2 个）、地上三层蓄电池室（2 个）。

定焦枪机：地上一层东进门前室和西进门前室（2 个）、地上一层 GIL 布置区（2 个）。

户外全景高清摄像机：屋顶东侧墙顶和西侧墙顶（2 个）。

（3）隧道内共布置室内智能跟踪型球机（型号为 DS-2DF7230IW-AF）139 个。具体分布如下。

隧道上腔：共布置 111 个，其中入口处布置 1 个，上腔顶部每隔 75m 布置 1 个。

隧道下腔：共布置 28 个，主要布置在下腔集中屏柜区、集水井处。

（4）南站和北站的主机分别安装在南站地上三层、北站地上三层二次设备室的图像监视系统控制主机柜中。

（5）隧道内视频信号通过光纤传输至分区综合监控柜交换机，由于隧道摄像机的数据量很大，为了不影响数据传输，隧道内视频监控系统通过两个分区的光纤环网分别接入硬盘录像机（布置在南、北引接站二次设备室中）。

（6）视频监控数据在网络硬盘内存储，在引接站和东吴站可随时调取实时视频信号，并投放到显示大屏上，运维人员可按顺序或指定区间显示现场画面，当某区间发出报警（包括火警）信号时，显示大屏自动显示相应位置的视频画面。

2. 使用方法

1）系统登录

视频主机的具体开机步骤如下。

（1）插上电源，打开位于后面板的开关，设备启动，进入"开机"界面。

（2）轻按前面板上的电源"开关键"，弹出"开机"界面。

（3）视频主机在正常情况下是自动登录的，若出现登录界面，填写用户名"admin"及密码"admin13456"，即可进入系统主界面。

2）视频主机的面板及功能说明

视频主机的型号为 DS-8600N-ST，其前面板示意如图 5-5 所示。

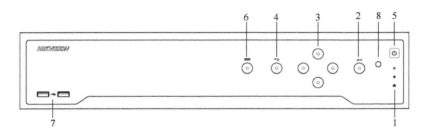

图 5-5　视频主机的前面板示意

视频主机前面板按键功能如表 5-2 所示。

表 5-2　视频主机前面板按键功能

序号	名称	功能说明
1	电源灯	开启设备后呈白色常亮
	状态灯	硬盘正在读写时呈红色并闪烁
	网传灯	网络连接正常时呈白色并闪烁
2	确认键	• 菜单模式的确认操作 • 勾选复选框及切换 ON/OFF • 在回放状态下，开始/暂停播放；在单帧播放时，表示帧进 • 在自动轮巡预览状态下，暂停/恢复自动轮巡
3	方向键	• 在菜单模式下，移动菜单设置项活动框，选择菜单设置项数据 • 在回放状态下： 　- 上：对应回放菜单图标，表示加速播放 　- 下：对应回放菜单图标，表示减速播放 　- 左：对应回放菜单图标，表示上一个文件/上一个事件/上一个标签/上一天 　- 右：对应回放菜单图标，表示下一个文件/下一个事件/下一个标签/下一天 • 在预览状态下，切换预览通道 • 在云台控制状态下，控制云台转动
4	返回键	返回上级菜单
5	开关键	开启/关闭视频主机
6	菜单键	在回放状态下，显示/隐藏回放控制界面
7	USB 接口	可外接鼠标、U 盘、移动硬盘等设备
8	红外接收口	遥控器信号接收

3）视频主机的鼠标操作说明

在通过 USB 接口连接鼠标后，可以通过鼠标对视频主机进行操作，具体的操作说明如表 5-3 所示。

表 5-3　视频主机的鼠标操作说明

选项	动作	说明
左键	单击	预览：选中画面，显示 IP 通道快速添加图（未添加 IP 设备通道）或显示预览便捷菜单（已添加 IP 设备通道）。 菜单：选择、确认
	双击	在预览、回放状态下，单画面、多画面显示切换
	按住拖动	在云台控制状态下，控制方向转动。 在遮盖、移动侦测及视频遮挡报警区域设置中，设置区域范围。 电子放大的区域拖动。 拖动通道、时间显示滚动条
右键	单击	预览：弹出右键菜单。 菜单：退出当前菜单，返回上一级
滑轮	上滑	上下选择框：向上滚动选项；滚动条：向上滚动页面
	下滑	上下选择框：向下滚动选项；滚动条：向下滚动页面
	双击	切换主、辅口

4）键盘说明

视频主机键盘说明如表 5-4 所示。

表 5-4　视频主机键盘说明

图标	说明	图标	说明
⬆	英文大、小写切换	123/.#	数字、符号主键盘切换
🌐	中文、拼音切换	␣	空格键
◀	光标向左移动	▶	光标向右移动
⏎	返回键	⌫	回删键

3. 云台控制

选择"预览"，进入"预览"界面，单击云台控制图标，进入云台控制模式。通过云台控制条（或者通过鼠标）对云台进行控制。

5.2 管廊在线监测系统

5.2.1 系统配置

苏通 GIL 综合管廊在线监测系统组成如下：1000kV GIL SF_6 在线监测系统、1000kV 避雷器在线监测系统、1000kV GIL 故障定位在线监测系统、隧道结构健康监测系统。其中，1000kV GIL SF_6 在线监测系统、1000kV 避雷器在线监测系统、1000kV GIL 故障定位在线监测系统都将传感器测得的数据经就地 IED 上传至监控系统的综合应用服务器，隧道结构健康监测系统通过布置在隧道内的传感器将测得的数据经就地 IED 上传至隧道结构健康监测系统服务器。另外，在 GIL 管体上还布置了接触式温度传感器（型号为 BT-1），通过温度转接箱接到 PCS-9150 辅控装置上，数据上传至监控系统的综合应用服务器。通过在线监测系统，运维人员可直观地判断设备的运行状态，能为及时发现设备缺陷提供可靠保障。

在线监测系统配置如表 5-5 所示。

表 5-5 在线监测系统配置

序号	名称	型号
1	1000kV GIL SF_6 在线监测系统（平高电气）	GMS2010
2	1000kV GIL SF_6 在线监测系统（山东电工）	CL6000
3	1000kV 避雷器在线监测系统（北引接站）	ISM-907
4	1000kV 避雷器在线监测系统（南引接站）	JGZ-DY
5	1000kV GIL 故障定位在线监测系统（接地电流法）	FI-3A/G1
6	1000kV GIL 故障定位在线监测系统（超声波法）	JFD-GD
7	隧道结构健康监测系统	SDKJ-16

1. 1000kV GIL SF_6 在线监测系统

1000kV GIL SF_6 在线监测系统示意如图 5-6 所示。

2. 1000kV 避雷器在线监测系统

1000kV 避雷器在线监测系统示意如图 5-7 所示。

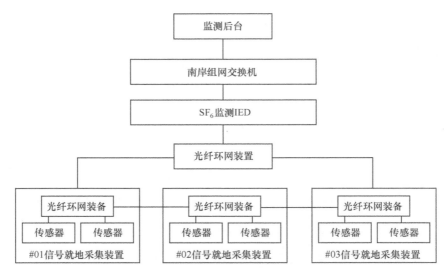

图 5-6　1000kV GIL SF$_6$ 在线监测系统示意

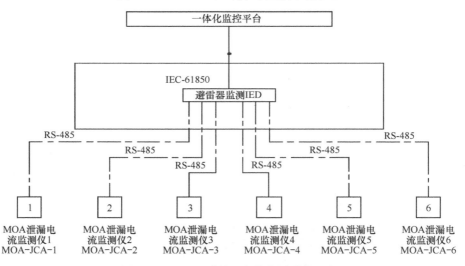

图 5-7　1000kV 避雷器在线监测系统示意

3. 1000kV GIL 故障定位在线监测系统（接地电流法）

1000kV GIL 故障定位在线监测系统（接地电流法）由放电故障检测装置（型号为 FI-3A/G1）、数据采集单元（型号为 FLS-ST/G1）、通信集成装置（型号为 StoneWall-2000）及专业分析主站组成。其中，放电故障检测装置实现对故障的判断，数据采集单元实现对放电故障检测装置发送的遥测、遥信信息的集成和数据格式的转换，通信集成装置实现数据的集成及光电信号的转换。数据采集单元集成在管廊中的巡视机器人上，另外提供手持终端（型号为 HS-5）作为巡检辅助设备。1000kV GIL 故障定位在线监测系统（接地电流法）示意如图 5-8 所示，其中的放电故障检测装置如图 5-9 所示。

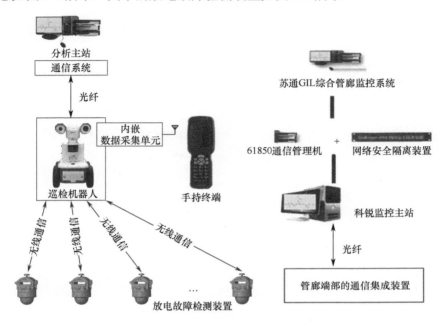

图 5-8　1000kV GIL 故障定位在线监测系统（接地电流法）示意

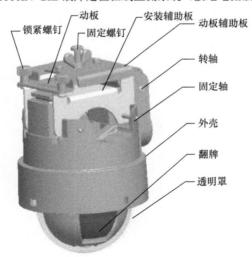

图 5-9　放电故障检测装置

4．1000kV GIL 故障定位在线监测系统（超声波法）

1000kV GIL 故障定位在线监测系统（超声波法）主要由超声波传感器阵列、故障定位 IED 阵列、通信模块及后台监测系统组成。

在发生 GIL 电弧故障时，会产生大量的电荷并激发较陡的电流脉冲，使得故障区域瞬间受热膨胀，在击穿结束后，膨胀区域会缩回至原来的体积。这种由局部放电击穿导致的体积变化引起了介质的疏密瞬间变化，在 GIL 内部形成超声波脉冲纵波，这种超声波脉冲纵波以某种速度（以球面波的形）向四面传播，当达到金属外壳时，声波与外壳发生撞击并引起外壳的机械振动，其振动频率一般在几万赫兹到几十万赫兹之间，布置在外壳上的超声波传感器可检测到该号，并通过相关的定位方法对超声波声源位置进行定位，从而达到故障定位的目的。GIL 管道设备放电超声波检测示意如图 5-10 所示。

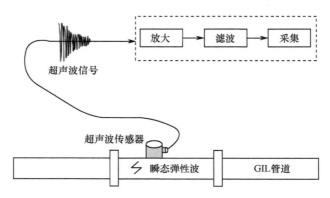

图 5-10　GIL 管道设备放电超声波检测示意

5. 隧道结构健康监测系统

苏通 GIL 综合管廊通过钢筋计、垫圈式压力传感器、测缝计、压差式静力水准仪对隧道管片钢筋应力、接头螺栓轴力、接缝张开量及隧道沉降进行实时监测。

隧道结构健康监测系统在正常状况下的监测频率为 1 次/6h，隧道结构预警级别和处理方法如表 5-6 所示。

表 5-6　隧道结构预警级别和处理方法

预警级别	隧道状态	分级定义	系统状态	处理方法
I	正常	性能良好	正常级	监测频率保持 1 次/6h； 正常进行日常巡查、保养
II	退化	性能退化，但不影响正常功能； 轻微裂损、开裂，但损伤范围、深度不超过保护层厚度，直径变形比小于 3‰	注意级	监测频率保持 1 次/6h； 注意观测损伤是否发展并观测故障周围的监测数据； 做好故障仪器的确认、恢复

（续表）

预警级别	隧道状态	分级定义	系统状态	处理方法
III	劣化	性能劣化，功能受损，影响正常使用； 中等损伤，裂损超过保护层厚度，直径变形比达 3‰，裂缝张开 0.2mm，接缝张开 4mm，存在渗漏水、螺帽脱落、错台等情况	加强级	监测频率改为 1 次/3h； 加强监测强度，提高频率和范围
IV	恶化	性能恶化，影响正常使用，但暂时不危及安全； 大范围的裂损、病害，但尚未达到钢筋、螺栓、混凝土屈服强度的 70%	警戒级	监测频率改为 1 次/h； 尽快组织专家评估，并针对较严重故障部位采取处理措施
V	危险	性能严重恶化，危及安全	报警级	监测频率改为 1 次/h； 立即组织专家评估，实施大修、加固，或改/扩建工程

6. 接触式温度传感器

接触式温度传感器通过传导或对流达到热平衡的状态，其显示值可以直接反映被测物体的温度情况。苏通 GIL 综合管廊所用的接触式温度传感器如图 5-11 所示。

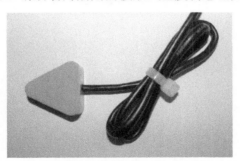

图 5-11　苏通 GIL 综合管廊所用的接触式温度传感器

接触式温度传感器配置如下。

南引接站和北引接站内外各设置 2 组（每组 2 只），隧道内 S1、S3、S5、N5、N3、N1 分区各设置 2 组（每组 3 只），共 52 只。

5.2.2　使用方法

本节主要介绍 1000kV GIL 故障定位在线监测系统的使用方法。

1. 1000kV GIL 故障定位在线监测系统（接地电流法）

1）启动

在桌面上双击快捷方式图标即可启动主程序，主界面如图 5-12 所示，主画面的背景及标示可以由用户自定义，对安装目录下"graphic"中的相应图片文件进行替换即可。主程序启动后将自动启动实时服务程序和前置采集程序。单击"进入系统"弹出系统菜单。

图 5-12　主界面（接地电流法）

2）启动实时服务

运行系统必须启动实时服务（实时数据库），在主程序启动后，缺省状态下实时服务自动启动，从而保证在意外情况下，系统在重启后能够立即投入运行状态。也可以通过单击"实时服务"菜单来启动实时服务。实时服务启动后，开始菜单栏上会出现托盘图标，另外，会弹出告警窗口。只有启动实时服务，才可以进行其他各种操作。

3）实时监控

单击"实时监控"菜单，可以对 GIL 超长距离金属管道的运行状态进行实时监控，支持图形放大、缩小、漫游、全图展示等基本图形操作，并支持设备数据查询。实时监控程序运行后，画面如图 5-13 所示。

4）故障录波

运行"CR6000/bin"下的"GzCurve"以启动故障录波程序。选择菜单"功能选项"—"录波"，画面如图 5-14 所示。

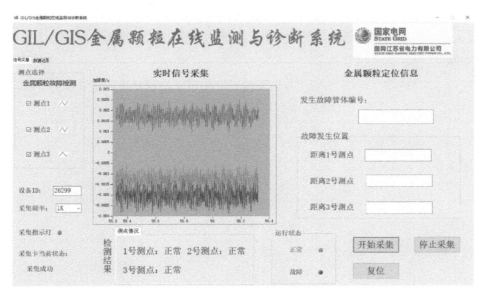

图 5-13　实时监控画面

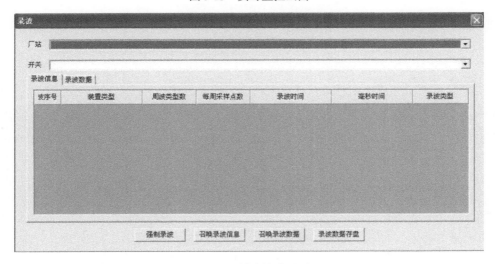

图 5-14　故障录波画面

（1）强制录波：在选择相应的传感器后，单击"强制录波"按钮，可以强制装置录下当前的正常波数据，便于测试装置及系统的录波功能是否正常。

（2）召唤录波信息：装置可以存储 7 次录波数据，每次的录波信息必须根据波序号召唤到主站才可以查看，单击"录波信息"标签，弹出对话框，选择波序号后将向装置发出召唤信息帧命令，等待一段时间，就会收到装置上传的录波信息。只有收到录波信息，才能召唤录波数据。

（3）召唤录波数据：在选择某个录波信息后，单击"录波数据"标签。每个装置可以记录电流、电压等模拟量在若干个周波内的数据，每个周波包含的采样点数取决于采样频率。可以选择若干测点的若干周波的数据进行召唤，选择后单击"召唤录波数据"按钮即可。

（4）录波数据存盘：在召唤完全部数据后，单击"录波数据存盘"按钮，可以保存全部数据，便于以后查询。

另外，选择菜单"功能选项"—"选取"，在选择厂站、开关、录波信息记录后，单击"绘制曲线"按钮，即可得到相应的故障曲线。

2．1000kV GIL 故障定位在线监测系统（超声波法）

以下从系统布局、超声定位、告警记录、曲线展示、设备配置、系统管理 6 个方面介绍 1000kV GIL 故障定位在线监测系统（超声波法）的使用方法。用户可直接双击桌面快捷方式来运行系统。

1）系统布局

主界面（见图 5-15）用于显示当前管道布局及超声检测设备的安装位置：按照现场的实际情况，形象化展示当前管道的布局，同时以闪烁的绿色圆点表示当前安装的超声检测设备。单击某个超声检测设备，可跳转到告警记录页面，并显示当前设备的所有文件记录。

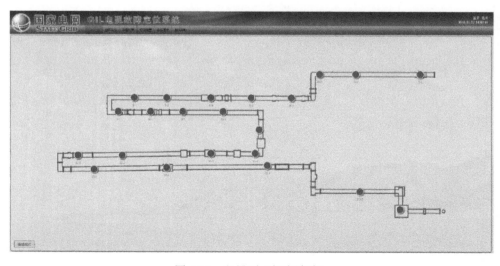

图 5-15　主界面（超声波法）

2）超声定位

超声定位页面显示当前系统已有的波形文件的信息。其中，右侧区域以标签的形式分别展示单个记录的基本信息，包括最大值、生成日期、设备名称、探头编号等；左侧为选择区域，在将右侧标签拖动至左侧区域后，右键单击标签即可查看其详细的波形曲线图。当选中多个标签时，可进行波形曲线对比展示。

3）告警记录

告警记录页面以表格的形式显示当前已有的波形文件的详细信息，包含设备信息、探头信息、波形最大值、文件名称、记录类型等。单击某条记录可将其设置为选中状态，右键单击选中的记录，可在菜单中查看该文件的波形曲线图及其对应的 FFT 波形曲线图。当选中多个记录时，可同时加载多条曲线以进行对比查看。

4）曲线展示

曲线展示页面显示当前最新的波形文件的缩略图，并附加文件生成时间及波形曲线最大值信息。可通过单击选中某个波形文件，当选择多个文件时，可进行对比展示。

5）设备配置

可在设备配置页面中对当前系统中所有的超声检测设备进行配置，配置项包括单次采样长度、采样频率、连续采样、触发电平、触发源、预触发及设备的 IP 地址等。

6）系统管理

系统管理包括系统信息的配置、升级，以及程序版本管理、系统维护等。

5.2.3　运行注意事项

（1）在线监测系统的使用等同于对主设备进行定期巡视、检查。

（2）在线监测系统告警值的设定由相关部门根据技术标准或设备说明书组织实施，告警值的设定和修改应记录在案。

（3）在线监测系统不得随意退出运行。

（4）当在线监测系统不能正常工作，确需退出运行时，需要经相关部门审批并记录，方可退出运行。

（5）在线监测系统的传感器布置应最大限度地覆盖所监测的设备，位置分布不得影响局部放电检测的灵敏度。

（6）在线监测系统不直接作用于控制系统，不应影响一、二次系统运行。

5.2.4　运行处理规定

1．1000KV GIL SF$_6$ 在线监测系统运行处理规定

（1）当 SF$_6$ 在线监测设备发出告警信号时，工作人员应迅速去现场查看告警间隔的 SF$_6$ 压力表的数值，确认现场是否存在 SF$_6$ 压力下降的情况。同时，后台人员应注意观察 SF$_6$ 压力的下降速度与变化趋势。

（2）在平常的运行状态下，SF$_6$ 在线监测设备的监测信息会全部显示在通信控制器上，因此，平时只确认通信控制器上所显示的信息即可。

（3）在系统运行 1 年后，需要在运行中进行初次检修，初次检修委托厂家进行。

（4）系统每 3 年停止运行一次，进行普通检修，普通检修可由经厂家培训的技术人员进行，也可委托厂家进行。

（5）在雨雪、大风等恶劣天气时不得进行检修，防止发生人员受伤、运行事故等。

（6）在定期检修前，系统必须停止运行。

（7）禁止攀爬传感器箱、汇控柜，防止发生人员摔倒/跌落、设备变形/损坏等事故。

（8）当控制回路正在运行时，不允许触摸控制回路，可能会触电。

（9）在触摸控制回路前，须切断电源，并用检电仪器进行确认。

2．1000kV 避雷器在线监测系统运行处理规定

（1）当运行电压有波动时，监测器中毫安表的显示/指示会有少许变化，这是正常的。

（2）如果三相避雷器其中一相的持续电流随着时间不断增大，当比正常值增大 20% 及以上时，则可以判断该避雷器存在故障，应尽快停电检查。还可以采用相间差值法，即比较每天同一时间三相避雷器持续电流之间的差值是否有变化，如果差值不变，则说明避雷器正常；如果差值增大，则说明增大的一相避雷器存在故障。使用相间差值法能够较容易地发现避雷器的故障。

3．1000kV GIL 故障定位在线监测系统（接地电流法）运行处理规定

（1）每月定期巡检，检查装置显示状态，以及装置是否松动、接线是否牢靠等。

（2）每年定期维护，清理装置表面的灰尘，如果污染较严重，则需要拆卸后进行清洁，在进行清洁时，需要使用专用清洁湿巾。

4．1000kV GIL 故障定位在线监测系统（超声波法）运行处理规定

（1）须在电源完全断开的情况下清洁装置机壳上的浮尘，用干抹布擦拭；严禁带电操作。

（2）禁止频繁通、断电源，关机后需要至少等待 20s 的时间才能重新启动。

（3）禁止在未断开电源的情况下拔、插外接电缆；在拔、插电缆时，与电缆直接相连的电气设备的电源都应切断。

5.2.5　故障及异常处理

1．电源断开

在正常运行时，如果出现电源断开或无在线数据显示的情况，则应检查电源是否正常接通。

2．其他异常

其他异常应通知检修人员或厂家进行处理。当设备发出告警信号时，运行人员应查看是哪种类型的监测量超标，在注意该指标的同时，向运维检修部门汇报，协同厂家及检修人员对设备的状态进行评估，尽快消除故障。

5.3　环境监测系统

5.3.1　系统配置

苏通 GIL 综合管廊工程的环境监测系统由有害气体传感器组、温湿度变送器及风压、风速传感器等组成。

1. 有害气体传感器组

有害气体传感器组由氧气传感器、甲烷传感器、硫化氢传感器、一氧化碳传感器组合而成，另外，在地势低的地点布置 SF$_6$ 气体探测器。有害气体传感器组中的探测器采用郑州威诺电子有限公司生产的 TCB4 点型气体探测器。有害气体传感器组示意如图 5-16 所示，其中的探头如图 5-17 所示。

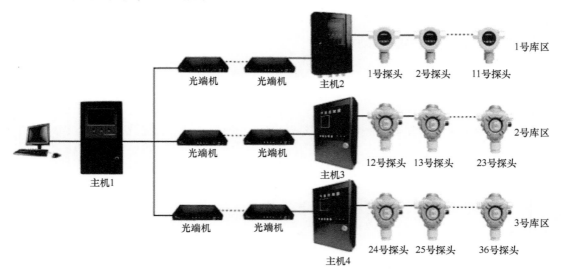

图 5-16　有害气体传感器组示意

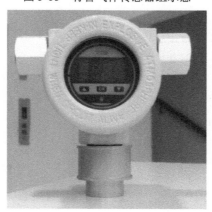

图 5-17　探头

分布情况如下。

（1）南引接站：地下一层～地下三层，在楼梯口和重点区域布置 2 套有害气体传感器组；地下三层、地下一层和地上一层，在 GIL 管道区域布置 2 套 SF$_6$ 气体探测器；地下二层，在 GIL 管道区域布置 3 套 SF₆ 气体探测器。

（2）北引接站：地下一层～地下四层，在楼梯口和重点区域布置 2 套有害气体传感器组；地下四层和地上一层，在 GIL 管道区域布置 2 套 SF₆ 气体探测器。

（3）隧道：上下腔每隔 150～200m 布置 1 套有害气体传感器组，共 68 套。其中，甲烷传感器布置在上下腔的顶端，硫化氢传感器布置在上下腔的低点。SF₆ 气体探测器在上腔每隔 50m 布置一个"S 形"，当靠近排风孔洞时，将探测器安装在排风孔洞的上风口处，下腔随有害气体探测器组一起布置，共 179 套，均布置在低点。

有害气体传感器性能参数如表 5-7 所示。

表 5-7　有害气体传感器性能参数

被测气体	测量范围	可选量程	分辨率	响应时间
甲烷	0～100% lel	0～100%vol（红外）	1%lel/1%vol	≤15s
氧气	0～30%vol	0～30%vol	0.1%vol	≤15s
硫化氢	0～100PPm	0～50/200/1000PPm	0.1/1PPm	≤15s
一氧化碳	0～1000PPm	0～500/2000/5000PPm	0.1/1PPm	≤15s

2．温湿度变送器

在南、北引接站和隧道内部布置温湿度变送器，并将数据实时上传至监控后台。采用的温湿度变送器的型号为 CWS11 经济型，其外形如图 5-18 所示。

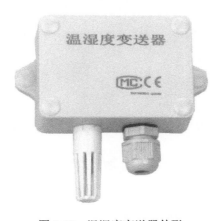

图 5-18　温湿度变送器外形

分布情况如下。

（1）南引接站：地上三层安装 2 套，其余每层安装 1 套，共 7 套。

（2）北引接站：每层安装 1 套，共 7 套。

（3）隧道：上下腔每隔 150～200m 安装 1 套，共 68 套。

3．风压、风速传感器

在南、北引接站和隧道内部布置风压、风速传感器，并将数据实时上传至监控后台。采用的风压传感器的型号为 JQYB 型，风速传感器的型号为 KL-FS 型，其外形如图 5-19 所示。

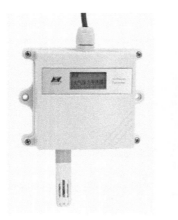

图 5-19　风压传感器和风速传感器外形

分布情况如下。

（1）南引接站：地上三层安装 2 套，其余每层安装 1 套，共 7 套。

（2）北引接站：每层安装 1 套，共 7 套。

（3）隧道：安装在两侧入口处及最低点，共 68 套。

5.3.2　使用方法

TCB4 点型气体探测器配备专用遥控器以进行操作设置。遥控器按键由"设置"键、"确认"键、"取消"键、"＋"键、"－"键共 5 个按键组成。探测器出厂登录密码为 1111。其中"设置"键、"确认"键、"取消"键都是单次触发按键，即使一直按着也只能触发 1 次，2 次按键之间要有 1s 以上的间隔；"＋"键、"－"键为连续触发键，一直按键可重复触发。功能设置在按"确认"键以后才会生效，设置完毕后需要按"取消"键退出设置，才能回到正常状态。有效设置内容可断电保持，直到下次的更改生效。

1．一级报警点设置

在正常状态下，按"设置"键 1 次，显示"FU--1"，按"确认"键，显示"20"（默认一级报警值），如果需要改动此值，可按"＋"键或"－"键来增加或减小一级报警值（范围为 0～50），按"确认"键即可记忆当前设置的一级报警值（退出后立即生效）。此时显示"FU--1"，可按"设置"键继续其他设置，也可按"取消"键退出，回到正常状态。

2．二级报警点设置

在正常状态下，按"设置"键 2 次，显示"FU--2"，按"确认"键，显示"50"（默认二级报警值），如果需要改动此值，可按"＋"键或"－"键来增加或减小二级报警值（范围为 20～70），按"确认"键即可记忆当前设置的二级报警值（退出后立即生效）。此时显示"FU--2"，可按"设置"键继续其他设置，也可按"取消"键退出，回到正常状态。

3．精度设置

在正常状态下，按"设置"键 3 次，显示"FU--3"，按"确认"键，显示所调试的精度，如果需要改动此值，可按"＋"键或"－"键来增加或减小精度值，最后选择合适的精度值（当需要选择 0.01 时，按"确认"键即可记忆此值）。

4．检测量程设置

在正常状态下，按"设置"键 4 次，显示"FU--4"，按"确认"键，显示检测仪表的量程范围，如果需要改动此值，可按"＋"键或"－"键来增加或减小该值，根据不同的气体选择合适的量程范围，最后按"确认"键即可。

5.3.3　运行注意事项

1．有害气体传感器组

（1）探头处不得有快速流动的气体（直接吹过），否则会影响测试结果。

（2）避免使传感器经常接触浓度高于检测浓度的高浓度气样，否则会缩短传感器的工作寿命。

（3）对于混合性可燃气体或液体蒸气等监测气样，与标定气样环境不同，检测结果会有一定误差。

（4）一般来说，催化燃烧式传感器的使用寿命为 3 年，电化学传感器的使用寿命为 2 年。

（5）对于取得防爆合格证的产品，不允许随意更换、改动影响防爆性能的元器件或结构。

2．温湿度变送器

（1）变送器及导线应远离高电压及电磁干扰严重的地方。

（2）过滤器为金属材质，可在使用 2～3 个月后拆卸，对过滤网进行清洗，使测量气体正常流通。

（3）防止化学试剂、油、粉尘等直接接触变送器，勿在结露、极限温度环境下长期使用变送器，不得进行冷、热冲击。

3．风压、风速传感器

（1）在使用时不得自行拆卸，更不能触碰传感器芯体，以免造成产品的损坏。

（2）避免直接光照，远离窗口及空调、暖气等设备，避免传感器直对窗口、房门。

（3）压力源最高压力应在产品的量程范围内。

5.3.4　故障及异常处理

相关故障及异常处理如表 5-8～表 5-10 所示。

表 5-8　有害气体传感器组故障及异常处理

现象	原因	处理方式
显示"FAUL"故障	接线错误、断线或传感器损坏	重新接线或更换传感器
对检测气体无反应	传感器损坏	更换传感器
	电路故障	厂家维修
与控制器连接异常	布线故障	检查线路
	电路故障	厂家维修

表 5-9　温湿度变送器故障及异常处理

现象	原因	处理方式
变送器无输出信号	变送器未供电	按接线图正确供电
	接线错误	
在温湿度恒定时输出不规则跳变	现场射频干扰较强	使用屏蔽线缆且使屏蔽层接地
	未使用屏蔽线缆	
变送器的输出与温湿度测量值不符	供电电压错误	使供电电压为 DC 9～36V
	外接负载过大	调整外接负载

表 5-10　风压、风速传感器故障及异常处理

现象	原因	处理方式
传感器无显示或无输出信号	未供电或接线错误	按接线图正确供电
传感器的显示或输出与压力测量值不符	供电电压不正确或外接负载过大	使供电电压为 DC 24V 或调整外接负载

第 6 章

Chapter **6** / **管廊隧道运维**

苏通 GIL 综合管廊隧道运维的主要工作包括检查、结构检测、养护。

6.1 检查

检查分为日常检查、定期检查和特殊检查，并根据检查结果将隧道结构健康度分为 5 级（0～4 级）。

1．日常检查

日常检查是运维工作的基础，以目测为主，配合以简单的工具、量具。日常检查结果应填写在日常检查记录表中，并评定健康度。

2．定期检查

定期检查是指按规定周期对隧道设施、设备及其附属构造物进行全面检查。

3．特殊检查

特殊检查主要针对隧道结构，分为应急检查和专门检查。应急检查是指在隧道遭遇自然灾害（火灾、地震、洪灾）、隧道保护区域有大型施工或隧道遭受恐怖袭击等情况下，对受影响的隧道结构立即进行详细勘察、检查；专门检查是指对于难以判别原因的损坏、缺损，进行专门的现场检测、验算与分析等。

隧道结构健康度分级如表 6-1 所示。

表 6-1　隧道结构健康度分级

健康度级别	评定因素			
	程度	发展趋势	对运营安全的影响	对隧道结构安全的影响
4	严重	迅速	严重影响	严重影响
3	较严重	较快	已经影响	已经影响
2	中等	较慢	将来会影响	将来会影响
1	轻微	趋于稳定	目前尚无影响	目前尚无影响
0	无或者非常轻微	无	无影响	无影响

日常检查的健康度评定标准如表 6-2 所示。

表 6-2　日常检查的健康度评定标准

项目		评定标准	结果
洞门		洞门拱部及附近部位严重开裂、倾斜、沉陷、错台、剥落剥离，存在严重的喷水或挂冰的情况；存在洞门前倾、下沉、移位等超出建筑限界的情况；存在冰柱、挂冰等超出建筑限界的情况	健康度 4 级
		洞门拱部及附近部位多处开裂、倾斜、沉陷、错台，多处存在喷水或挂冰的情况	健康度 3 级
		洞门拱部以外部位局部开裂、倾斜、沉陷、错台，存在喷水或挂冰的情况	健康度 2 级
		洞门拱部以外部位出现轻微开裂、倾斜、沉陷、错台，存在轻微喷水或挂冰的情况	健康度 1 级
隧道结构	破损	隧道结构大量破损，出现大量结构性裂缝，通过目视可确认明显的结构变形、下沉、移位	健康度 4 级
		隧道结构多处破损，出现多处结构性裂缝	健康度 3 级
		隧道结构局部破损，局部出现结构性裂缝	健康度 2 级
		隧道结构轻微破损，有少量微裂缝发育	健康度 1 级
	劣化	表面严重起毛、酥松、麻面蜂窝、起鼓、剥落；钢筋大面积锈蚀，保护层严重鼓起剥离	健康度 4 级
		表面多处起毛、酥松、麻面蜂窝、起鼓、剥落；钢筋小范围锈蚀，保护层多处鼓起剥离	健康度 3 级
		表面局部起毛、酥松、麻面蜂窝、起鼓、剥落；钢筋点蚀，局部保护层鼓起剥离	健康度 2 级
		表面轻微起毛、酥松、麻面蜂窝、起鼓、剥落；钢筋点蚀，保护层轻微鼓起剥离	健康度 1 级
	渗漏水	隧道严重漏水、排水不良，引起洞内结构状态严重恶化；存在大量冰柱、挂冰现象	健康度 4 级
		隧道多处漏水、排水不良，引起洞内多处结构状态恶化；存在多处冰柱、挂冰现象	健康度 3 级
		隧道局部漏水、排水不良，引起洞内局部结构状态恶化；局部存在冰柱、挂冰现象	健康度 2 级
		隧道出现湿渍或轻微渗漏水；存在个别冰柱、挂冰现象	健康度 1 级
施工缝（管片接缝）、变形缝		严重的错台、压溃和渗漏水，病害已侵入隧道建筑限界	健康度 4 级
		多处错台、压溃、渗水	健康度 3 级
		局部错台、压溃、滴漏	健康度 2 级
		轻微变形	健康度 1 级

定期检查的健康度评定标准如表 6-3 所示。

表 6-3 定期检查的健康度评定标准

项目		评定标准			
		健康度 1 级	健康度 2 级	健康度 3 级	健康度 4 级
管片	破损	管片表面轻微开裂，以干缩、温缩裂缝为主，或有少量轻微的环向裂缝	管片裂缝以环向开裂为主；标准块位置出现少量纵向裂缝或剪切性斜裂缝	裂缝发育较为密集，封顶块或邻接块以少量环向裂缝为主；标准块出现多处纵向裂缝或剪切性斜裂缝，因裂缝发育，两侧管片可能掉块或已掉块	裂缝发育密集且封顶块或邻接块部位出现多处纵向裂缝或剪切性斜裂缝，因裂缝发育，两侧管片可能掉块或已掉块
	劣化	材料劣化引起少量轻微的起毛、酥松	材料劣化导致混凝土表面多处起毛、酥松	标准块材料劣化，混凝土酥松、起鼓，并出现掉块现象	材料劣化导致混凝土起鼓，并在封顶块或邻接块部位出现掉块现象
	剥落剥离	混凝土表面出现少量轻微的剥离	标准块混凝土表面多处出现剥离，敲击有空响，尚未出现剥落掉块	封顶块或邻接块混凝土表层出现剥离，敲击有空响，标准块混凝土多处出现剥落掉块	封顶块或邻接块混凝土表层出现大面积的剥离，并多处剥落，混凝土掉块侵入建筑限界
	渗漏水	轻微渗漏水，表现为湿渍或湿迹	渗漏点较稀疏，渗水量较小，以点线渗漏为主；路面积水较少；标准块位置出现挂冰和冰柱现象	封顶块或邻接块位置渗漏点较密集，渗水量较大，渗水类型以线渗、面渗为主；标准块出现以喷射、涌流为主的渗水位置；洞内已出现积水；封顶块或邻接块位置出现少量挂冰和冰柱现象	封顶块或邻接块位置渗漏点密集，以喷射、涌流为主；洞内积水严重；封顶块或邻接块位置出现明显的挂冰和冰柱现象
	钢筋锈蚀	混凝土表面出现轻微的锈迹	构造筋存在局部锈蚀或因保护层过薄而出现外露	钢筋混凝土沿主筋出现严重的纵向裂缝，保护层鼓起，敲击有空响，主筋出现锈蚀	钢筋混凝土主筋严重锈蚀，混凝土表面已因锈蚀出现掉块并有钢筋外露
管片接缝、变形缝		个别接缝位置存在轻微的压溃、错台、湿渍，对结构无影响	压溃、错台分布稀疏，持续发展可能导致掉块现象；渗水量较小，水质清澈，以滴漏为主	多处存在压溃、错台，两侧接缝位置已出现混凝土掉块、明显错台；标准块位置渗水严重，或伴有泥沙渗出；顶部接缝位置少量渗水或出现少量挂冰和冰柱现象	顶部接缝出现严重的压溃、错台，出现混凝土掉块，已影响建筑限界；漏水严重，以喷射、涌流为主，同时伴有泥沙；顶部出现明显的挂冰和冰柱现象
螺栓孔、注浆孔		填塞物轻微脱落，孔位附近存在湿渍	局部孔位填塞物脱落、滴漏	多处孔位填塞物脱落、渗水；封顶块或邻接块孔位少量渗水或出现少量挂冰和冰柱现象	管片内孔位填塞物均存在连续脱落、涌水或渗泥沙的情况；封顶块或邻接块孔位出现明显的挂冰和冰柱现象

特殊检查的健康度评定标准参照定期检查的健康度评定标准。

6.2　结构检测

隧道结构检测主要有沉降检测、管径检测、渗漏检测、混凝土强度检测、混凝土碳化检测、混凝土裂缝检测。

1．沉降检测

沉降检测采用几何水准测量方法。

周期：一般每个季度 1 次，当发现隧道检测值有突变、当次沉降量大于前 2 次检测平均值 2 倍以上或隧道保护区内有地基施工等异常情况发生时，增加检测频率。

2．管径检测

检测方法为在各测点所对应的管片两侧，用激光仪进行测量，得出测量值；前后 2 次测量值（横向）相减即为变形量。

周期：在贯通 2 个月（稳定）后，进行第一次全线所有测点的测量，得到横/竖向、径向的初始值；检测频率为第一年每个季度 1 次，以后每半年 1 次。

3．渗漏检测

渗漏检测可以采用集水井积水量法。

周期：渗漏水量、渗漏水点的检测为每个月 1 次（每年由监测单位全程做一次），在发现结构变形、沉降或有较大漏水点的情况时，增加检测频率。

4．混凝土强度检测

混凝土强度检测参照常规混凝土强度检测方法（回弹法、超声回弹法、钻芯法、后装拔出法、超声法）。

周期：每年 1 次，或参照相关主管部门、设计方、业主的要求确定检测频率。

5．混凝土碳化检测

混凝土碳化检测可采用试剂法，检测应于夜间进行。

周期：每 2 年 1 次，对于混凝土表面有锈迹及 PH 变小等情况，增加检测频率。

6．混凝土裂缝检测

混凝土裂缝（管片接缝、张开）检测采用外观调查与仪器检测相结合的方法。

周期：每个月 1 次，如果结构裂缝变化发展较快，则增加检测频率。

6.3　养护

养护包括隧道主体结构养护、附属设施养护、隧道防渗堵漏等。

1．隧道主体结构养护

1）管片露筋

对于裸露钢筋的情况，若有锈蚀，则应先用钢丝刷去除钢筋表面堆积的疏松的锈蚀，再涂刷防锈漆。在钢筋除锈防锈完成后，再使用环氧树脂砂浆/高标号水泥砂浆/聚合物水泥砂浆对裸露钢筋进行包裹处理。

2）管片表面出现细微裂缝

管片表面细微裂缝处理方法如表 6-4 所示。

表 6-4　管片表面细微裂缝处理方法

序号	裂缝情况	处理方法
1	≤0.2mm 的细微裂缝	可不做处理
2	>0.2mm 的裂缝，但未贯穿	注浆封闭处理
3	裂缝已渗水	

3）管片上出现牛腿结构的裂缝

可用环氧树脂砂浆或环氧树脂注浆补强处理。

在修复完成后，需要进行混凝土强度检测，当强度不足时，可用碳纤维或粘钢等加固处理。

4）混凝土结构缺损

混凝土结构缺损可采用环氧树脂砂浆/高标号水泥砂浆/聚合物水泥砂浆进行修复，若出现露筋的情况，则应先进行除锈防锈处理。

5）管片接缝止水带损坏

先采用注浆止水，然后填嵌柔性密封材料，抹快凝微膨胀水泥砂浆层，在擦洗界面后，再外贴环氧玻璃布。

6）应急通道结构表面出现裂缝

应急通道结构表面裂缝处理方法如表 6-5 所示。

表 6-5　应急通道结构表面裂缝处理方法

序号	裂缝情况	处理方法
1	≤0.2mm 的细微裂缝	可不做处理
2	>0.2mm 的裂缝	注浆或扩缝后做封缝处理

7）质量要求

对于出现的病害，应及时进行修复处理；管片中暴露在外部的螺栓、螺帽应定期（每 5 年 1 次）做防腐处理，也可用水泥砂浆将暴露的螺栓、螺帽密封。

2．附属设施养护

隧道的附属设施包括排水沟、排水管、集水池等，主要养护措施如下。

（1）日常清理排水明沟。

（2）对于出现翘起、碎裂、响声等情况的排水横截沟盖板，及时修理或更换。

（3）当隧道井接缝处的明沟出现破损时，可设嵌缝槽进行嵌缝处理。

（4）隧道内的集水池应每年做好池底淤泥清排处理，并对集水池内壁结构缺损处进行修补，若出现露筋情况，则应先进行除锈防锈处理。

（5）排水管金属管道应每 5 年进行 1 次防腐处理。

3．隧道防渗堵漏

渗漏水治理应以满足隧道结构防水基本要求为目标，根据具体渗漏情况，确定堵漏止水材料和堵漏方案。

1）湿渍

当管片或管片接缝处出现湿渍，但无可见裂缝时，并且在通风的条件下，湿渍可消失时，一般不用处理；当出现大面积湿渍且湿渍在通风条件下也不消失时，可以采用无机亲水性高渗透密封剂进行涂刷封闭处理。

2）渗水、水珠

当管片或管片接缝处出现渗水现象或水珠时，可以采用骑缝钻孔注浆法处理。

3）滴漏、线漏

当管片接缝处出现滴漏、线漏现象时，可以采用抽管注浆法处理。

4）管片螺栓孔

对于管片螺栓孔渗漏水，可以采用注入环氧注浆液的注浆法处理。如果为线漏，则应将注浆材料改为阻燃水溶性聚氨酯。

第 7 章
Chapter 7 / 通信与广播系统

7.1 通信系统

7.1.1 系统配置

苏通 GIL 综合管廊南、北引接站及管廊通信系统包括固定电话系统和专用无线对讲系统。

固定电话系统架构如图 7-1 所示，使用上海沪光 HGAT211 型防水防潮挂壁式电话（固定电话，见图 7-2）、上海沪光 SW-2000DT 喇叭调度台。

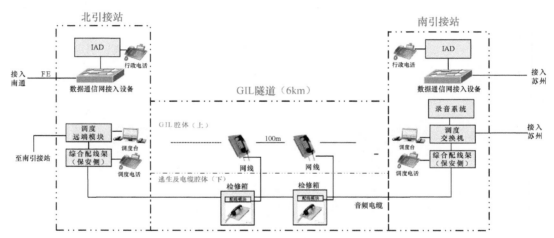

图 7-1　固定电话系统架构

图 7-2　固定电话

固定电话布置：隧道内上腔体每隔 216m 在西侧中间相支架处布置 1 部，共 24 部；在每个检修箱外侧布置 1 部，共 56 部。南引接站地下每层布置 2 部，地上一、二、四层各布置 1 部，共 9 部。北引接站地下一、四层各布置 2 部，地下二、三层及地上一层各布置 3 部，地上二、三层各布置 1 部，共 15 部。

专用无线对讲系统包括基站收发信机、PD780 专用对讲机（深圳海能达）、MD780数字车载终端、RD980S 数字调度台、泄漏电缆、光纤、无线通信机箱等；其中，无线通信机箱内有分路/合路器、光配线单元、光纤直放站近端机/远端机、二功分器等。专用无线对讲系统主要设备如图 7-3 所示。

图 7-3　专用无线对讲系统主要设备

无线对讲系统覆盖隧道及南、北引接站，与本站固定电话、东吴站固定电话可以通过拨号实现联络。

7.1.2　使用方法

1．调度操作

值班人员通过 SW-2000DT 喇叭调度台可以实现群呼、紧呼、点呼、组呼、强插、强接、强拆、呼叫转移、呼叫转接等功能。通信系统调度台界面如图 7-4 所示。

基本调度功能如下。

（1）自由拨号：在单击"自由拨号"按钮后，输入被呼叫的号码，单击"呼叫"按钮，这时调度分机振铃，接通后，被叫分机开始振铃。

（2）点呼：先在"通讯录"中选中单个或者多个分机，再单击"点呼"按钮，调度分机先振铃，接通后，被叫分机开始振铃，之后可进行单方通话或多方通话。

图 7-4　通信系统调度台界面

（3）组呼：先在"群组信息"里选择要呼叫的群组，可以选单组，也可以选多组（一起呼叫）。调度分机先振铃，接通后，被叫群组分机全部开始振铃，之后可进行多方通话。

（4）群呼：对全部在线的分机进行呼叫。

（5）紧呼：对在线的分机进行紧急呼叫，不管分机是处于空闲状态还是处于通话状态。先选中分机，再单击"紧呼"按钮。调度分机先振铃，接通后，被叫分机开始振铃，之后通话建立。

（6）挂断：对分机进行挂机操作，可以多选也可以单选。对于不是跟调度分机通信的分机，挂断不起作用。

（7）呼叫保持：当多个分机拨打调度接入号时，如果调度分机正在通话，需要接听新呼入的分机，可对正在通话的分机进行呼叫保持。先在"在线列表"中选择需要保持的分机，再单击"呼叫保持"按钮，分机的颜色变成灰色，表示进入呼叫保持状态。

（8）监听：通过单击选中状态显示为"通话中"的某个分机，之后单击"监听"按钮，调度分机开始振铃，摘机后可以监听通话双方的通话。

（9）强插：通过单击选中状态显示为"通话中"的某个分机，之后单击"强插"按钮，调度分机开始振铃，摘机后可以插入通话，形成三方通话。

（10）强拆：通过单击选中状态显示为"通话中"的某个分机，之后单击"强拆"按钮，可以将另一方挂断，与选中的分机进行单独通话。

（11）强接：当被呼叫的分机一直振铃时，先选中分机，再单击"强接"按钮。

（12）呼叫转移：在呼叫调度分机时，将呼叫转移到其他号码上。先在"在线列表"中选择需要转移的分机，选中后，单击"呼叫转移"按钮，再在"通讯录"中选择需要转移到的号码。

（13）呼叫转接：在呼叫调度分机时，将呼叫人工转接到其他号码上。先在"在线列表"中选择需要转接的分机，选中后，单击"呼叫转接"按钮，再在"通讯录"中选择需要转接到的号码。

（14）入会：可将多个分机加入一个会议。选中多个分机，单击"入会"按钮即进入会议。

（15）离开会场：单击"离开会场"按钮即可退出会议。

（16）无人值守：当调度员不在时，调度电话转移到其他号码上。单击"无人值守"按钮，可设置无人值守号码，在单击"设置"按钮后，右上角"有人值守"变成"无人值守"，表示设置成功。

2．固定电话使用方法

（1）主叫方电话摘机，拨打被叫方电话号码→被叫方电话响铃。

（2）被叫方听到铃声→拿起手柄接听电话，双方正常通话。

（3）通话结束，挂回听筒。

（4）主叫方电话摘机，按"R"键，呼叫上一次拨打的号码。

（5）利用两个音量调节键，可根据现场噪声大小调节扬声器的音量。

3．对讲器使用方法

（1）安装 TF 卡。TF 卡安装示意如图 7-5 所示，用螺丝刀拧开主机 TF 卡盖螺钉，将 TF 卡放入 TF 卡槽，再用螺钉固定 TF 卡盖。

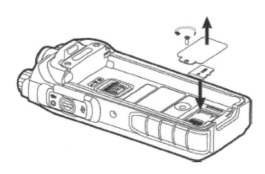

图 7-5 TF 卡安装示意

（2）安装电池及天线。

（3）开机、关机、调节音量，具体方法如图 7-6 所示。

图 7-6 开机、关机、调节音量方法

（4）键盘锁定与解锁。当不需要使用键盘时，可以锁定键盘以防止误操作。

锁定或解锁键盘的方法：①在待机界面下，按"确认/菜单"键，选择"设置>对讲机设置>键盘锁"菜单，开启或关闭自动键盘锁功能；②通过按"键盘锁"快捷键来锁定或解锁键盘；③在待机界面下，通过按"确认/菜单+★⌫"组合键来锁定或解锁键盘。

（5）选择信道。①通过旋转"信道选择"旋钮来选择信道。②通过"信道上调"或"信道下调"快捷键切换信道。③在主菜单中选择"设置>键盘模式>信道切换"菜单，可以在待机界面通过输入信道号实现信道切换。

7.1.3　故障及异常处理

1. 固定电话系统故障及异常处理

如果固定电话出现异常，并且经确认是电话机本身出现故障，则可直接申请更换。

2. 专用无线对讲系统故障及异常处理

专用无线对讲系统故障及异常处理方法如表 7-1 所示。

表 7-1　专用无线对讲系统故障及异常处理方法

描述	原因分析	处理方法
无法开机	电池可能未正确安装	取出电池并重新装入
	电池电量可能已经耗尽	充电或更换电池
	电池触点受到污染或受损，导致接触不良	清洁电池触点
无法登记	检测不到基站信号	确保终端在基站的有效信号范围内
	不是基站的合法用户，不能进行登记	联系基站负责人，确认终端是否为基站网管系统的合法用户
反复登记	信号时断时续	确保终端在基站的有效信号范围内
不能建立呼叫	通信信号差	确保终端在基站的有效信号范围内
呼叫建立后没有声音	终端 ID 可能重复	联系基站负责人，确认网管系统中的终端 ID 是否重复
被叫方反复下线	信号时断时续，下线后又迟后进入呼叫	确保终端在基站的有效信号范围内
话音不清晰	通信信号差	确保通话成员在有效通信范围内
按键无法使用	键盘暂时失灵	重启设备
LCD 显示屏无显示	LCD 显示屏暂时失灵	重启设备
GPS 无法定位	所处位置不佳，导致接收不到 GPS 信号	移至开阔平坦的地点，重试 GPS 定位
接收信号时声音小或断断续续	电池电压过低	充电或更换电池
	音量较小	通过"电源开关/音量控制"旋钮增大音量，或者联系经销商关闭数字麦克风自动增益功能
	天线松动或安装不到位	关机后重新安装天线
	扬声器堵塞或受损	进行简单的外部清洁
无法与组内其他成员通话	所用频率或信令设置与组内其他成员不同	设置与组内其他成员相同的频率和信令
	数字信道、模拟信道设置不当	设置相同的数字信道或模拟信道
	距组内其他成员太远	尽量靠近其他成员，确认位于其有效通信范围内
	通信信号差	确保通话（或成员）在有效通信范围内
信道中出现其他通话声音或杂音	受到同频用户的干扰	更改为新的频点，或调整静噪级别
	未设置信令	对组内所有终端进行信令设置
噪声较大	通信信号差	确保通话成员在有效通信范围内
	所处位置不佳，如受高大建筑物阻挡，或位于地下室等	移至开阔平坦的地点，开机重试
	受外界环境或电磁干扰	避开可能引起频率干扰的设备

7.2 广播系统

7.2.1 系统配置

苏通 GIL 综合管廊广播系统使用上海沪光 HGAT211 型喇叭主机、喇叭和上海沪光 SW-2000DT 喇叭调度台。每个供电区上腔单独配置 1 个喇叭主机，共配置 12 个；下腔使用电话作为喇叭主机。上下腔每隔 150～200m 配置 1 套喇叭，共配置 68 套。

广播系统部分展示如图 7-7 所示。

图 7-7　广播系统部分展示

7.2.2 使用方法

广播系统调度台界面如图 7-8 所示。

图 7-8　广播系统调度台界面

具体按钮功能说明如下。

（1）准备广播：广播之前的准备工作。单击"准备广播"按钮，广播组成员分机自动振铃并接通，之后可以进行音乐广播、人工广播、紧急广播。

（2）音乐广播：支起音乐广播，此功能可以激活定时广播。

（3）人工广播：发起人工广播，优先级大于音乐广播，在人工广播结束后，继续音乐广播。

（4）紧急广播：发起紧急广播，优先级大于音乐广播，在紧急广播结束后，继续音乐广播。

（5）停止广播：停止广播。

第 8 章

Chapter **8**/ **人员定位与智能巡检系统**

8.1 人员定位系统

8.1.1 系统配置

苏通 GIL 综合管廊人员定位系统包括手持终端和上海博达 WAP2100-I22A 无线 AP（见图 8-1）、WSC6100-X256B 无线 AP 控制器、综合监控后台、人员管理系统等。

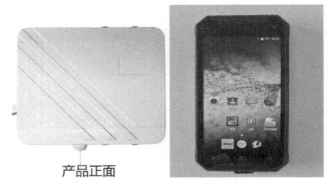

产品正面

图 8-1　手持终端和上海博达 WAP2100-I22A 无线 AP

8.1.2 使用方法

本节介绍人员管理系统的使用方法。人员管理系统包括人员定位、巡检派单、数据统计、系统设置 4 个部分。

1. 人员定位

该部分主要实现对进入管廊的人员的实时定位，可以查看人员的历史轨迹及历史（位置）数据。

1）实时定位

如图 8-2 所示，在人员管理系统主界面选中"人员定位"，整个界面分成两部分，上半部分是管廊的地图，显示当前进入管廊的人员的信息（位置、名称），人员图标会随着人员位置的变化不断移动。下半部分是有关人员状态的列表，显示了人员姓名、手机号码（所携带的智慧单兵的号码）、所在 AP、位置（所在分区、距入口距离）、告警等信息。可在"告警详情"中查看详细的告警信息，如图 8-3 所示，列出了接单人、告警类型、告警时间、告警内容，在"操作"列中单击"复归"会弹出确认对话框，单击"确定"按钮，将取消该告警。

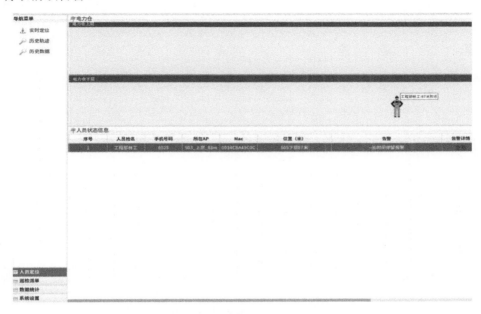

图 8-2　人员管理系统主界面

序号	接单人	告警类型	告警时间	告警内容	操作
1	工程部林工	长时间停留报警	2018-12-10 08:25:52.0	停留位置:88	复归

图 8-3　详细的告警信息

2）历史轨迹

选择工作人员和时间，可查看某个时间段内的人员历史轨迹，如图 8-4 所示。

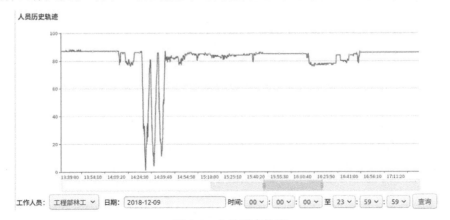

图 8-4　人员历史轨迹

3）历史数据

可在"历史数据"中查看某个人在某个时间段内的具体的位置信息，显示人员姓名、手机号码、所在 AP 等信息，如图 8-5 所示，可以通过上下翻页进行查找。

工作人员：工程部林工 ˅	日期：2018-12-10		00:00:00		-- 2018-12-10	
23:59:59		查询				

数据列表

序号	人员姓名	手机号码	所在AP	Mac	位置（米）	时间
1	工程部林工	8025	S03_上层_88m	0034CBA49C0C	S03上层86米	2018-12-10 00:00:00.0
2	工程部林工	8025	S03_上层_88m	0034CBA49C0C	S03上层86米	2018-12-10 00:00:00.0
3	工程部林工	8025	S03_上层_88m	0034CBA49C0C	S03上层86米	2018-12-10 00:00:05.0
4	工程部林工	8025	S03_上层_88m	0034CBA49C0C	S03上层86米	2018-12-10 00:00:10.0
5	工程部林工	8025	S03_上层_88m	0034CBA49C0C	S03上层86米	2018-12-10 00:00:15.0
6	工程部林工	8025	S03_上层_88m	0034CBA49C0C	S03上层86米	2018-12-10 00:00:20.0
7	工程部林工	8025	S03_上层_88m	0034CBA49C0C	S03上层86米	2018-12-10 00:00:20.0
8	工程部林工	8025	S03_上层_88m	0034CBA49C0C	S03上层86米	2018-12-10 00:00:30.0
9	工程部林工	8025	S03_上层_88m	0034CBA49C0C	S03上层86米	2018-12-10 00:00:30.0
10	工程部林工	8025	S03_上层_88m	0034CBA49C0C	S03上层86米	2018-12-10 00:00:40.0
11	工程部林工	8025	S03_上层_88m	0034CBA49C0C	S03上层86米	2018-12-10 00:00:45.0
12	工程部林工	8025	S03_上层_88m	0034CBA49C0C	S03上层86米	2018-12-10 00:00:50.0
13	工程部林工	8025	S03_上层_88m	0034CBA49C0C	S03上层86米	2018-12-10 00:00:55.0
14	工程部林工	8025	S03_上层_88m	0034CBA49C0C	S03上层86米	2018-12-10 00:00:55.0
15	工程部林工	8025	S03_上层_88m	0034CBA49C0C	S03上层86米	2018-12-10 00:01:05.0
16	工程部林工	8025	S03_上层_88m	0034CBA49C0C	S03上层86米	2018-12-10 00:01:05.0
17	工程部林工	8025	S03_上层_88m	0034CBA49C0C	S03上层86米	2018-12-10 00:01:15.0
18	工程部林工	8025	S03_上层_88m	0034CBA49C0C	S03上层86米	2018-12-10 00:01:20.0
19	工程部林工	8025	S03_上层_88m	0034CBA49C0C	S03上层86米	2018-12-10 00:01:25.0
20	工程部林工	8025	S03_上层_88m	0034CBA49C0C	S03上层86米	2018-12-10 00:01:30.0

总共 6369 条记录 第1页/共319页 每页 20 条记录 下一页 末页

图 8-5　人员位置历史数据

2. 巡检派单

1）设备分类

该模块实现对巡检设备的分类管理，按照树形结构进行组织。

2）设备管理

该模块对系统中需要进行巡检的设备信息进行管理，如图 8-6 所示，列出设备名称、设备类型、所在分区、位置及设备状态信息。设备状态有"正常""检修""损坏"3 种，不同的状态用不同的颜色显示，利用"所在分区""设备类型"可进行设备的筛选。单击"增加"按钮可进入设备录入界面，录入设备名称，选择设备类型、设备状态、所在分区、安装位置，保存即可。

图 8-6　设备管理界面

3）模板管理

在进行巡检任务安排时，可事先设计几个常见的模板，在每个模板里录入要巡检的设备的信息。

本模块实现对巡检模板的管理，模板管理界面如图 8-7 所示。

图 8-7　模板管理界面

可利用右上角的"增加""修改""删除"按钮实现对模板的管理。

在"模板名称"列中单击具体模板，会弹出该模板中的巡检设备列表，如图 8-8 所示。

4）设备巡检派单

本模块对设备巡检派单进行管理，列出所录入的巡检派单信息及当前状态，如图 8-9

所示。单击"增加"按钮，进入巡检派单录入界面，依次录入相关信息即可。

序号	设备	类型	所在分区	安装位置
1	O2气体检测仪1	气体检测仪器(O2)	S01上层	0
2	H2S有毒检测仪1	气体检测仪器(H2S)	S01上层	1
3	O2气体检测仪1	气体检测仪器(O2)	S01上层	0
4	温度检测仪1	温度传感器	S01上层	0
5	测温主机屏柜	管廊环境温度监测主机	S01上层	500
6	湿度检测仪1	湿度检测仪	S01上层	0
7	温度检测仪1	温度传感器	S01上层	0
8	测温主机屏柜	管廊环境温度监测主机	S01上层	500
9	控制键盘1	控制键盘	S01上层	0
10	人员管理主机1	人员管理主机	S01上层	0
11	无线接入点控制器AC	无线接入点控制器AC	S01上层	0

图 8-8　设备巡检模板信息

编码	派单编号	接收人员姓名	作业最大时长(...	派单人	派单时间	状态	备注
1	20181208001	运维部魏工	60	超级管理员01	2018-12-08 14:21:40.0	已完成	
2	20181206003	工程部林工	60	超级管理员01	2018-12-06 19:56:47.0	已完成	
3	20181206002	工程部林工	60	超级管理员01	2018-12-06 19:50:18.0	已完成	
4	20181206001	运维部魏工	60	超级管理员01	2018-12-06 11:00:43.0	未完成	

图 8-9　设备巡检派单

3．数据统计

数据统计包括实时在线人数统计、来访人数月统计、来访人数日统计、时间统计、分区驻留统计、到访频率统计、停留时间月统计、停留时间日统计、巡检统计、告警日志统计等。

4．系统设置

系统设置包括分区信息设置、无线 AP 信息设置、人员信息设置、电子围栏信息设置。

8.1.3　故障及异常处理

1．电源和冷却系统故障及异常

检查如下项目：

（1）电源开关处于"ON"的位置。

（2）检查环境条件，不能让路由器过热，确认路由器的进、出气孔洁净；路由器工作场所的要求温度为 0～40℃。

（3）如果路由器不能启动，LED 指示灯不亮，则要检查电源。

2．端口、电缆和连接故障及异常

检查如下项目：

（1）如果路由器找不到端口，则要检查连接线缆。

（2）如果电源开关处于"ON"位置，则要检查电源和电源线。

（3）如果系统启动，但 Console 口不工作，则要确认 Console 口的配置是否为 9600 波特率、8 位数据位、1 位停止位，无奇偶校检位，无流控。

8.2　智能巡检系统

8.2.1　系统配置

苏通 GIL 综合管廊南、北引接站没有配备机器人，隧道上腔和下腔分别配备了机器人。上腔采用南京亿嘉和股份有限公司制造的多功能智能机器人巡检系统，共安装 6 套。智能机器人巡检系统包括巡检机器人、轨道、充电站、网络及控制后台，能通过自主或遥控的方式，对隧道本体、隧道内 GIL 进行红外温度监测，完成仪表、隧道外观的图像识别等任务，具备替代人工完成正常巡视和红外测温等工作的能力。将隧道分成 3 个区域，每个区域设置 2 台巡检机器人，通过变轨互为备用。

8.2.2　使用方法

1．机器人开、关机

1）开机

（1）先将机器人电源总开关打开，再将启动按钮按下，并检查机器人的本体状态。

（2）在检查机器人的本体状态时，如果听到"嘀"的声音，并且指示灯以红、黄、绿 3 种颜色循环亮起，则说明机器人正确上电。

（3）待机器人程序正常启动后，指示灯变为绿色长亮。

2）关机

（1）按下机器人上的红色关机按钮，此时指示灯断电，表示机器人已经处于关机状态。

（2）待指示灯不再有亮光后，按下电源总开关。

2．系统启动

第一步：启动数据库。

第二步：启动 Substat I onserver，启动后等待 10s 左右再启动 LER3000A。

第三步：待以上步骤完成后，启动模式识别进程。

3．操作方法

1）人工启动巡检

当需要进行临时巡检或需要机器人进行演示时，人工启动巡检任务。

操作如下：选中要执行的任务，单击上位机界面中的"立即执行"按钮（绿色三角形图标）即可。

2）停止巡检任务

适用于在机器人自动运行时发现前方有不能避越的障碍物，想让机器人停止运行等情况。

操作如下：直接单击工具栏中的"停止"按钮。

3）定时启动巡检

如果定时没有启动，则机器人不会自主进行巡检，因此务必确保机器人处于定时任务启动状态。在特殊情况（如检修、绿化、施工等造成路面有障碍）下，须禁用定时。

禁用定时的操作如下。

单击工具栏中的"巡检任务"按钮，如图 8-10 所示。

图 8-10　巡检任务按钮

弹出巡检任务界面，如图 8-11 所示，在该界面中进行如下操作。

序号	名称	定时个数
0	220kV+35kV巡检任务夜	1
1	500kV巡检任务夜	1
2	220kV+35kV巡检任务白	1
3	500kV巡检任务白	1

图 8-11　巡检任务界面

（1）选中需要禁用定时的任务。

（2）选中右下角该任务的定时时间，这时工具栏上的"禁用定时"由灰色不可选选项变为黑色可选选项。

（3）单击"禁用定时"按钮即可完成对定时的禁用。

4）设备特巡

首先要停止当前的巡检任务，即使机器人处于没有任务的状态，然后创建临时任务。在创建临时任务时，可以选择的运行模式有 2 种：自动模式、手动模式。

（1）自动模式：勾选需要特巡监测的设备，然后单击"全自动执行"按钮即可。如果没有其他任务，则需要在单击"全自动执行"按钮之前勾选"返回充电点"复选框。

（2）手动模式：勾选需要特巡监测的设备，"起始点"选择为机器人刚刚刷过的停靠点，然后依次选择"规划路径""执行"即可。如果没有其他任务，则需要在单击"执行"按钮之前勾选"返回充电点"复选框。

设备特巡界面如图 8-12 所示。

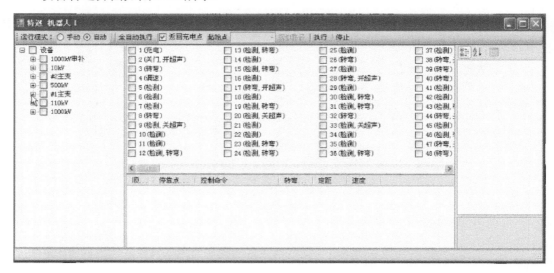

图 8-12　设备特巡界面

5）巡检数据查询

单击系统工具栏上的"巡检数据"按钮，在弹出的对话框中选择相应起始时间和终止时间，即可查询在该时间段内存储的巡检数据。

4．注意事项

（1）如果遇到施工、检修导致机器人路线上有障碍物等情况，则需要禁用定时，否则可能导致不可预见性事故。在禁用定时后，机器人将不再进行巡检，因此，在施工结束后或当道路无障碍时，需要再次启用定时。

（2）在单击"立即停止"按钮后，机器人的任务会停止，并且之后不会自动启动巡检任务，需要手动启动巡检任务。

（3）当机器人开启定时巡检任务时，务必确保道路没有施工，并且没有占用路面的障碍物，要确保下腔机器人路线中的防火门处于打开状态。

8.2.3　故障及异常处理

（1）如果下腔机器人脱离轨道，则将机器人断电，并将机器人推到轨道上，然后将机器人开机，操作后台软件使其返回充电室。

（2）如果机器人断电，不能开启机器人，则关闭机器人总电源并将机器人推回充电点，联系机器人厂家进行问题处理。

（3）当机器人无法开启或无法活动时，要判断保险是否烧坏（在更换前要确保机器人处于断电状态）。如果机器人处于上电状态但用手能推动，则可能是保险烧坏。取出保险管查看是否烧断，如果烧断，则更换保险。

Chapter 9/ 苏通 GIL 综合管廊智慧安全维护平台

在苏通 GIL 综合管廊的运行过程中，关乎安全的事项繁多，安全体系中的任一环节都关系着人员生命与财产问题，在物联网、移动网络飞速发展的时代，将安全体系融入智慧网络平台，更加高效快速地传递安全信号并快速做出安全应对响应，成为 GIL 综合管廊运维管理的关键。

本章介绍苏通 GIL 综合管廊智慧安全维护平台的基本情况。

9.1　平台优势

1．协同监管，准确防控

智慧安全维护平台在关键部位安装传感器以进行监控，通过传感器对安全隐患部位进行标记，利用互联网进行数据传输。系统自动记录安全控制区域的状况，代替人工巡检，避免人为操作中易出现的懈怠、失误等情况，从而提高工作效率，提升消防安全性。

智慧安全维护平台能对多种信息及时进行采集和传输，实现对多方的动态监控。当目标物发生异常时，系统及时发出报警信息，同时系统会进行数据分析，辅助判断发生的问题。

2．立于云端，服务社会

智慧安全维护平台将安全信息传输至云端（云平台），然后进行数据的分析、判断。云平台通过互联网与其他平台进行互联，实现火灾的预防及其他安全问题的预警，同时可以收集到更多的信息。

3．多级联动，准确管控

智慧安全维护平台会自动记录各种安全行动，将行动数据化，从而使责任划分更加清晰。逐步建立多级预警、群策群力的新安全体系，改变过去安全工作不到位的状况，解决过去安全监管不完善、监管能力低下的问题。

4．引进移动终端，构建网络化监督体系

加强对数据的采集，推进智慧安全系统的建设，通过引入更多的移动终端设备，加大对安全区域的监控，提升监控水平。工作人员可以通过线下、线上方式对系统进行监督和管理，从而提高工作效率。

5．引进配套设施，提高调度系统化水平

智慧安全维护平台利用各软、硬件系统之间的密切配合，保证不同设备能够正常工作，提高系统的稳定性，并且能够及时有效地进行调度，保障苏通 GIL 综合管廊所在区域的人员生命和财产安全。根据苏通 GIL 综合管廊指挥中心信息化建设的实际需要，基于国网江苏省电力有限公司的科技创新能力，建设的信息化系统是基于 4G/5G 工业以太网+现场总线技术的信息化系统。以工业以太网作为信息传输媒介，将苏通 GIL 综合管廊相关子系统集成到信息化平台中，通过现场子系统控制装置的数据采集，完成远程可视化展示，与苏通 GIL 综合管廊信息管理系统实现无缝联接。将信息采集、系统融合、运维、管理等方面的信息有机地整合到一起，从而实现苏通 GIL 综合管廊"管、控、监"一体化的目标。

9.2　平台方案

9.2.1　架构要求

1．功能方面

在功能方面，既要实现系统的安全、稳定运行，又要实现对供电、消防、照明、通风、排水等系统的"集中管理"。

感知层：感知来自通信、环境监测、机器人巡检、人员定位、逃生等子系统的各种数据。

传输层：由物联网多功能基站提供无线通信、有线通信等可靠通信。

处理层：通过"统一管理信息平台"，集成环境与设备监控系统、安全防范系统、通信系统、预警与报警系统、管控平台系统 5 大中心模块，实现系统的分布式应用和纵向深入。

应用层：对于在苏通 GIL 综合管廊现场采集的数据，通过综合监控系统进行数据的分析、处理，并可实现信息的共享。

2. 安全方面

1）针对人员安全

通过人员定位手段及便携式巡检仪、人员探测器等，实现对相关人员不安全行为的管控，达到可视化管理，同时使用智能机器人巡检系统，更好地保证人员安全。

2）针对环境安全

通过多功能监测基站和智能传感器对管廊温度、湿度及气体浓度等进行实时监控，实现危险源管理、辨识、评估和控制，从而消除环境中的不安全因素。

3）针对设备安全

通过智能传感器、仪表和多功能监测基站对监控设备、排水设备、通风设备、通信设备、消防设备及电缆温度等进行实时在线感知、报警联动、远程控制和指挥调度，从而消除隐患，使之处于安全状态。

4）针对管理安全

报警的目的是防患于未然，将隐患消灭在萌芽状态，杜绝重大、特大事故的发生。通过建立安全机制和预警管理体系，实现现场可视化、问题可视化和隐患可视化，确保管理无失误、指挥无失误、操作无失误，在此基础上"未雨绸缪"，实现超前预测、预警。

因此，苏通 GIL 综合管廊智慧安全维护平台的建设目标应是在信息化管理的基础上实现自动化，用智慧化覆盖整个苏通 GIL 综合管廊运行管理的全过程，实现"管、控、营"一体化的智慧型管廊。

3. 网络建设方面

平台的建设应利用物联网技术，通过感、传、知、用 4 层架构，实现对苏通 GIL 综合管廊的运行信息和状态信息的实时感知，从而获取人员、设备、环境、流程等数据，实现数据和管理的可视化，提高管廊安全性。

物联网架构示意如图 9-1 所示。

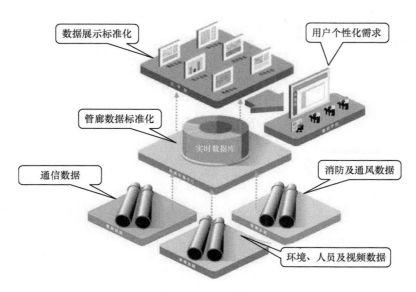

图 9-1　物联网架构示意

9.2.2　架构设计

图 9-2 所示为智慧安全维护平台架构。

智慧安全维护平台的物理架构分为三层。第一层为接入层，不同设备分别接入监控专网和消防专网；第二层为汇聚层，针对监控专网和消防专网进行系统数据与功能的汇聚；第三层为服务层，面向监控人员、管理人员和日常运维人员，采集底层数据，实现数据集成和监控功能集成。

大数据技术及大数据处理技术是搭建智慧安全维护平台的关键，数据处理是平台的重心，平台大数据架构如图 9-3 所示。

1．数据采集

将应用子系统产生的数据同步到大数据系统中，由于数据源不同，数据同步系统实际上是多个相关系统的组合。数据库同步通常使用 Sqoop 传递，日志同步可以使用 Flume 传递，采集的数据经过格式化转换后通过 Kafka 传递。

不同的数据源产生的数据的质量可能差别很大，数据库中的数据也许可以直接导入大数据系统，而日志和爬虫系统产生的数据就需要进行大量的清洗、转化处理，之后才能使用。所以数据同步系统实际上承担着传统数据仓库的工作。

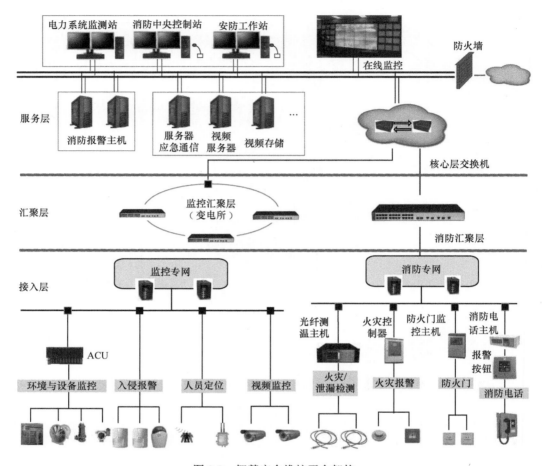

图 9-2　智慧安全维护平台架构

2．数据处理

数据处理是大数据存储与计算的核心。数据同步系统导入的数据存储在 HDFS 中。MapReduce、Spark、Hive 等读取 HDFS 上的数据进行计算，再将计算结果写入 HDFS。

MapReduce、Spark、Hive 等进行的计算称为离线计算，HDFS 中存储的数据称为离线数据。相对应地，实时请求需要计算的数据称为在线数据，这些数据实时产生、在线计算，结果实时返回给用户。过程中涉及的数据主要是用户一次请求所产生和需要的数据，数据规模非常小，内存中的一个线程上下文就可以处理。在完成和用户的交互后，在线数据被数据同步系统导入大数据系统，成为离线数据，对离散数据进行的计算（离散计算）通常针对（某一方面的）全体数据，如针对所有子系统数据进行关联性挖掘，数据规模会非常大，需要较长的运行时间。

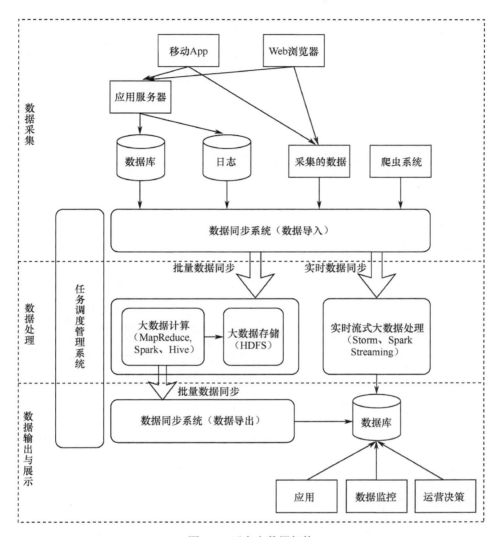

图 9-3　平台大数据架构

3. 数据输出与展示

计算产生的数据被写入 HDFS，应用程序不能从 HDFS 中读取数据，所以要将 HDFS 中的数据导出到数据库中。数据同步导出相对比较容易，计算产生的数据都比较规范，稍加处理就可以使用 Sqoop 等导出。之后，应用程序就可以直接访问数据库中的数据，并实时展示给用户，如展示关联的预测曲线等。

大数据分层结构如图 9-4 所示。

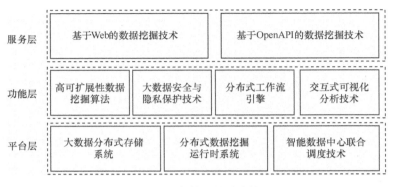

图 9-4 大数据分层结构

9.3 功能设计

智慧安全维护平台基于物联网、大数据、云计算等现代信息技术，将分散的火灾自动报警设备、电气火灾监控设备、智慧烟感探测器、智慧消防用水等联接成网络，并对这些设备的状态进行智能化感知、识别、定位，实时、动态地采集消防信息，通过云平台进行数据分析、数据挖掘和趋势分析，实现火灾科学预警、网格化管理，落实多元责任监管，从而实现火灾防控"自动化"、灭火救援指挥"智能化"、日常执法工作"系统化"、管理"精细化"的智慧消防。

1. 大屏幕管理

大屏幕管理模块具有以下功能。

（1）模式、预案管理：提供预制窗口布局功能，可保存多个预案，方便用户随时调用；支持用户自定义布局，用户对布局设置进行保存。

（2）显示模式设置：支持画面分割、任意大小显示、画中画开窗等。

（3）远程控制：任何与显示系统联网的计算机都可作为控制 PC 使用，控制 PC 的鼠标可漫游到大屏幕上，从而利用鼠标对大屏幕进行实时远程控制。

（4）窗口管理：支持对任意窗口进行移动、放大、缩小，支持全屏漫游或整屏显示。在该功能下，画面显示内容应符合人机工程学的要求，如画面区菜单的字体应按比例自适应缩放，菜单及按钮的位置不因缩放而发生偏移，GIS 图形应能够自动充满主画面显示区等。

（5）多用户控制：多个用户可以通过不同的操作员站同时对大屏幕进行控制，不同用户的鼠标在屏幕上以不同颜色显示，注意，对于同一个过程对象，在同一时刻只有一个用户可以对其进行操作。

（6）拖曳操作：可从操作员站的显示画面上拖曳对象至大屏幕，也可从大屏幕上拖曳对象至操作员站的显示画面。

2．手机 App

App 与电脑终端系统保持数据同步，可展示实时监测数据及其变化曲线、历史数据及其变化曲线，以及实时报警数据等；可实时显示项目地理位置、未排除隐患数、未处理巡检数等。

通过 App，可以推送实时报警信息，实现远程复位、远程分闸功能；可以对所有现场探测器进行远程参数设定及修改；可以对所有现场探测器的远程控制记录进行查询。

3．系统自诊断

在线诊断组件周期性地收集系统内部关键软件组件和硬件设备的运行信息，诊断系统设备状态，在发现组件或设备异常时，发出报警信息，提示操作员尽快处理，并将信息记录在历史数据库中。

在操作员站 HMI 中，可查看系统所有的网络交换机、服务器、工作站和 FEP 的状态。

对服务器、工作站和 FEP 等的监视信息包括（但不限于）以下 2 项内容。

（1）计算机名称。

（2）报警信息：当历史服务器容量不足时，会产生报警信息以提醒操作员备份数据。

系统自诊断信息的显示包括以下 3 种形式。

（1）设备状态列表：以图形或表格的方式动态显示设备的实时运行状态信息。

（2）设备报警列表：显示全部设备的当前报警状态。

（3）设备日志列表：显示设备的全部历史事件，包括报警产生、报警确认、报警恢复、报警恢复确认等。

上述 3 种列表均支持条件查询，查询条件包括系统名称、安装区域、设备名称等。

4．报警功能

系统的各级操作员站均具有完善的报警功能，可对报警信息进行分级处理、筛选重组。

1）报警类别

系统支持报警信息分类显示，如按子系统划分、按级别划分、按区域划分等。报警类别可灵活配置，报警类别的含义、颜色和行为可自定义，每类报警对应一种原则和处理方法。

报警方式包含声音报警、文字报警、画面报警、灯光报警等，这几种方式可单独使用，也可组合使用，并可根据当前登录用户的职责范围有选择性地报警。

2）报警确认

可根据权限设置，将报警信息推送给不同岗位的操作员站，任意操作员站都可根据权限确认报警。对于发生的报警，按照预先定义的原则和处理方法，触发不同的声音和画面提示，提醒操作人员进行确认。

在报警确认中，既可以直接对流程图上的图元进行确认，也可以对报警服务中的列表信息进行确认。

操作人员已经确认且解除的报警信息将自动从报警列表中删除，未解除的报警信息保留在报警列表中。确认和未确认的报警信息以不同颜色表示。如果报警在操作人员确认前消失，系统将记录其消失的时间，在操作人员确认后将报警信息从报警列表中删除。

3）报警显示

不同报警等级可用不同颜色区分，具体颜色在组态实现中确定。

对于发生的报警，系统将其同时记录在报警列表和事件日志中。报警列表记录当前未确认和未解除的报警信息，事件日志保存所有报警信息和报警恢复信息。

当页面中的测点发生报警时，对应的导航栏菜单中会有报警提示和未确认报警数量显示。

在拾取"过滤报警"工具后，点选画面名称或设备图元并拖放至另一屏幕，则可在另一屏幕中显示报警画面，并显示与指定画面或设备相关的报警；若报警画面已经打开，则可进行报警筛选，仅显示与指定画面或设备相关的报警。

在报警列表中，可以按照级别、区域、子系统进行分类查询，也可以用时间、地点、设备、数据点描述、报警级别等组合条件进行查询，查询的结果可以打印。

4）报警通知

（1）发出声响

通过配置，可使每个报警级别关联一个具有不同声音的音频文件。支持在线对已发生的报警进行消音，支持在线配置整个操作站是否发声。

（2）细节画面显示

单击选中报警列表中的某行，可以调出该行报警（事先定义好的）所在设备或工艺系统的细节画面。

（3）报警总貌指示

通过配置，报警的分类计数可以出现在 HMI 的报警总貌指示器中。如果某个指示器所对应的报警分类（如某个报警级别或某个工艺系统）中出现操作员尚未确认的新报警，则指示器闪烁，同时计数发生变化。通过单击或拖曳指示器，可以调出符合相应报警分类的报警列表画面。

（4）报警列表展示

如果工作站当前屏幕正在显示报警列表，则新报警会出现在报警列表中。在报警列表中可以对一条或多条报警进行确认，也可以通过单击或拖曳某条报警，调出与新报警有关的设备，在分析报警原因后，在图上进行确认。所有的报警列表都根据操作员的权限范围进行了过滤，以确保只把相关的报警推送给有权限的操作员。

（5）HMI 上相关设备图符闪烁

如果工作站当前屏幕正在显示与新报警有关的设备的画面，则相关设备图符显示报警形状并闪烁。操作员可以在此图上完成报警确认。对于层次化的信息模型，报警通知是逐级上推的，直至其所在的工艺系统，即如果某个报警所在的工艺系统出现在 GIS 图形上，则当报警发生时，也可以显示出来。在报警列表中可以按照时间对报警信息进行排序。

（6）报警推图

对于特别重要的报警，可以通过配置，直接在报警干系人的工作站上自动推出与新报警有关的设备或工艺系统的画面。

5）报警禁止

系统支持对每个报警点的报警禁止、禁止恢复功能，当被禁止的报警点的报警条件成立时，不会触发报警，但仍然会有该测点的值变化事件记录。

报警禁止、禁止恢复会生成相应的操作日志。

5．权限管理

为了保证系统的安全性和高效性，权限管理模块支持以下功能。

1）系统安全与权限管理

系统提供一致并唯一有效的权限控制与管理，系统所有用户信息都存储在实时数据库服务器中，便于统一维护。通过用户编码、密码识别及操作权限分配来实现系统安全管理。

所有用户都必须经过登录过程才能访问系统，必须录入合法的用户名和口令才能进入，只有授权用户能进行相关设备的监视和控制。

操作人员在登录时需要输入用户名，选择用户角色并输入用户口令。

不同用户角色的监控范围不同，每个用户角色至少可以拥有 100 个用户，一个用户可以隶属于多个用户角色，但在登录时仅能选择其中的一个用户角色进行登录。用户角色不允许同名，用户名不允许相同。用户角色和用户名使用中文、数字或字母，长度不少于 8 个字符；口令采用数字或字母的组合，长度不少于 6 个字符。

操作权限至少分为 3 个级别：系统管理级、操作级、浏览级。这些权限与用户角色有一定的对应关系，具体包括操作模式、控制权力、控制范围等。

（1）系统管理级

- 具有系统操作和控制的所有的权限，属于最高级权力。

- 允许对软件、数据库和图形软件进行维护、开发和测试等。

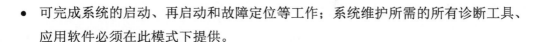

- 可完成系统的启动、再启动和故障定位等工作；系统维护所需的所有诊断工具、应用软件必须在此模式下提供。

- 系统管理员有权进行权限定义、用户管理工作。

（2）操作级

提供权限管理范围内的信息监视与查询、报警管理、日志管理、画面操作、打印和设备控制权限。

（3）浏览级

只有画面浏览权限。

2）操作站的角色分配

处在相同位置的所有操作站均能对系统进行相同模式的操作。当相同位置上其中一个操作站出现故障时，另一个操作站可接管其工作，并完成其功能。

通过操作员标识和密码管理软件，可以对任何一台设备进行操作模式的分配。当操作员登入系统时，系统将分配给操作员相应的权限。这些权限包括但不限于以下几点：监视范围、有无报警确认权限、有控制权限或仅有监视权限。

3）操作互斥和操作授权

由于可能存在多个位置均能对某个受控对象进行操作的情况，如果不进行管理，则可能造成人为操作事故，因此必须对控制权限进行管理。

（1）就地控制和远方控制

设备就地控制与远方控制可通过在 HMI 上设置控制标志来实现控制权互斥，在处于"就地"位置时，就地控制权限高于远方控制权限。

（2）操作互斥

在同一时刻，系统仅允许一名用户控制一个/组设备。一旦某个用户开始控制某个/组设备，在相关控制完成之前，其他用户无法控制相同设备。

（3）画面锁定

当操作员暂时离开操作站时，系统支持锁定当前显示界面。只有再次输入登录密码，才能解锁屏幕，重新返回系统锁定前的画面。

在操作员使用此功能时，画面会出现锁定对话框，在此画面锁定过程中发生故障报警时，允许其他操作员以自己的操作员身份和密码重新登录系统，从而处理故障事件。

（4）操作记录

所有操作员执行的操作，无论是否成功，都会被记录在事件日志中。记录中含有操作员信息和操作地点信息等。

6．日志管理

日志负责记录和存储系统内的所有事件信息，并按事件发生的时序存放，事件本质上是开关量和模拟量的变化情况，包括设备故障信息和操作员的操作记录。具体来说，主要包括测点状态变化和异常情况、设备故障信息、人工操作记录、系统内部提示信息及其他与系统有关的事件。

日志是以事件驱动的方式进行管理的；如果有操作员站正处在日志跟踪显示的状态，则要进行信息的追加显示。

可以查询全部日志信息，也可以按特定条件分类检索，在用鼠标左键拾取"过滤日志"工具后，点选画面名称或设备图元并拖放至另一屏幕，则可在另一屏幕中显示日志画面，并显示与指定画面或设备相关的日志；若日志画面已经打开，则可进行日志筛选，以显示与指定画面或设备相关的日志。查询结果可以显示、打印。

7．实时数据库处理

1）实时数据服务

系统提供实时数据库服务组件，用于对实时数据进行管理，提供实时数据服务。实时数据服务具有以下特点。

（1）采用具有高响应性的实时数据库。

（2）提供分布式实时数据服务，支持服务器冗余。

（3）面向对象设计，基于设备的数据结构。

（4）可在线修改，在线数据库在重构时不会丢失现存数据。

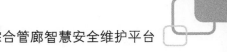

（5）具有保证数据库一致性的措施，可确保系统的安全性。

2）基本数据类型处理

（1）二进制开关量数据类型

开关量类别：单位开关和双位开关。每个单位开关点具有 0 和 1 这 2 种输入状态；每个双位开关点具有 00、01、10 和 11 这 4 种输入状态。

禁止和强制处理：操作员可以通过操作命令停止二进制开关量的周期刷新，并强制设置点值。

SOE 点作为一种特殊的开关量点，与一般开关量点的区别在于其时标取自现场装置。系统 SOE 列表按时间顺序显示 SOE 信息。

开关量记录：对于任何开关量，带有时标的状态变化信息都被存储在事件日志中，需要时可在事件打印机上打印。

状态变化报警：可预先将开关量的某个状态定义为报警状态，当这种状态出现时，将产生相关的报警事件。

（2）单精度浮点型模拟量数据类型

工程量转换：按照特定公式将原始的采集数据转换为工程量值。

量程检查：检查数据是否超出允许的电气或物理测量量程。

越限报警：当模拟量的值超过预定范围时，产生报警。

禁止和强制处理：操作员可通过操作命令停止单精度浮点型模拟量的周期刷新，并强制设置点值。

传输死区：当本周期数据与上周期数据之差超过了预先设定的变化死区（一般为额定值的 0.5%～1%，可修改）时，触发实时数据传递。

（3）事件响应

系统可对单个事件或序列事件做出响应，这些响应是通过自动触发预先设定的程序进行的。

响应程序的系统设计容量是不小于 200 个，响应程序可由用户自定义，每个响应程序最多可定义 36 个控制命令。

当响应程序的触发条件未满足时，操作员可人工触发。根据运营需要，操作员有权禁止/允许触发。

3）遥控功能

遥控功能用于控制地面和井下各种集成的现场主要设备的运转，从而保障系统的正常运行。在非正常工作模式下，可启动相应的预设模式，使各相关系统高效协调工作。

用户通过系统的人机界面可以选择系统的遥控方式，主要方式有单点控制、限制点设置、程序控制、优先级控制。

（1）单点控制

单点控制是最基本的遥控功能，可以由操作员在操作站上完成。操作员通过一个简单的"单击"操作即可对被选择的设备进行控制。

基本控制功能由"命令启动和状态返回"（可由用户定义）组成。"命令启动和状态返回"逻辑上是由一组事先定义的数字量输入和结构数据组成的。

只要满足命令启动条件，基本控制功能即可执行。系统根据预先设定的返校判断条件，报告"执行成功"或"执行失败"。返校判断条件的设定已考虑现场设备控制操作的反应时间。

（2）限制点设置

限制点设置用于修改报警点的报警阈值，操作员可通过操作员站设置限制点的数值并保存到实时数据库中，同时将此修改更新到组态数据库中。

（3）程序控制

程序控制功能与单点控制功能类似，不同之处在于，程序控制功能中预先定义的控制序列必须在综合监控系统的控制之下，有条件地执行。

程序控制与单点控制的操作一样。操作员通过一个简单的"单击"操作即可启动相应控制序列的执行。

执行结果会在操作员站上显示。如果执行没有成功，则会形成报警和事件记录。可查看或打印程序控制的控制清单，包括触发和控制结果等。

（4）优先级控制

优先级控制分为 2 种模式：正常模式、事故模式。

在正常模式下，系统控制的优先级为从上到下，监控点控制优先级由高到低的顺序是中心级调度员、现场。

在事故模式下，系统控制的优先级为从下到上，监控点控制优先级由高到低的顺序是现场、中心级调度员。

4）数据点的禁止/允许

系统有禁止或允许任何数据点的功能，包括禁止对点的控制功能等。当进行相关操作时，显示器上会有提示，并且可打印记录。在操作员站上，能清楚地辨别数据点是否被禁止。

系统至少提供以下 3 种禁止模式。

（1）控制禁止模式：禁止点控功能。

（2）扫描禁止模式：禁止数据点采集功能。

（3）报警禁止模式：禁止视觉报警和声音报警。

5）设备禁止

系统支持在线对一个或多个设备进行"控制禁止"，通过设备挂牌实现。

挂牌种类包括检修牌、禁止牌，每个种类对应不同设备类型及相关图元。

设备禁止用以确保当某个检修人员进行现场作业时，其他操作员不能发送控制指令，仅保留对挂牌设备的监视功能（数据正常扫描刷新）；在解除挂牌后，恢复其他操作员对设备的控制。

允许用户解除同级别用户的挂牌。

计算机重启或者出现故障不会影响挂牌状态。

提供禁止设备列表，记录禁止的操作人、操作位置、开始时间、结束时间和模式，该列表支持查询和打印。

所有的禁止操作都会被保存到系统日志中。

8．历史数据库处理

1）历史数据服务

系统提供历史数据库服务组件，用于对历史数据进行管理，从而提供历史数据服务。历史数据服务具有以下特点。

（1）支持商用关系数据库（如 ORACLE、SQL Server、MySQL）。

（2）保证数据库事务处理的 ACID（Atomicity, Consistency, Isolation, Durability，即原子性、一致性、隔离性、持久性）。

（3）支持分布式存储和查询服务，支持服务器冗余。

（4）支持 SQL 查询。

（5）支持在线修改。

（6）具有完备的数据库管理和保护功能。

（7）具有数据库在线管理和维护工具。

（8）具有良好的可扩展性和适应性。

2）历史数据存档和查询

历史数据存档功能指连续记录一段时间的历史数据。保存的数据包括系统参数、开关量状态、模拟量值、脉冲累计量、计算结果，以及报警记录等。

监控中心历史数据存档允许采用统计存档的方式，记录一段时间内的最大值、最小值和平均值。

监控中心历史数据库采用关系数据库，提供外部系统历史数据库的查询接口。

当到了系统历史数据备份的时间或服务器的剩余存储空间很少时，会自动弹出提示对话框，提醒系统维护人员进行数据备份。同时，可将备份的历史数据重新导入系统，进行数据查询、分析等。

操作员可查询历史数据并进行分析（如针对给定类型的设备，在用户定义的时间段内统计事件数量）。操作员可按照时间、数值和设备名称等对历史数据进行过滤。

具有检索功能，可按系统、中心级、设备、时间、故障类别等检索各种信息。

监控中心的存档文件能存储在过去 13 个月中所发生的全部事件和报警，并且可以在操作员屏幕上查询、显示，或者通过打印机打印。可以按监控中心、系统、设备、时间、操作位置和操作人对记录进行分类查询，能连续地记录全部系统事件。

3）历史趋势和实时趋势记录

趋势记录主要用于监视模拟量变化趋势，表现形式通常有曲线和数字 2 种。数字方式直接显示各时刻监视量的数值。

在进行趋势显示时，操作员可以指定以跟踪方式显示还是以历史方式显示。

在跟踪方式下，画面总是保持在最近的一部分历史数据上，并跟踪以后的变化曲线或数据，当画面被填满时，平移已显示的曲线或数据，继续跟踪。

历史方式是指显示指定时间范围内的历史值及指定采样间隔内的最大值、最小值、平均值，通过翻页，可以查询（历史数据库保存范围内）任意历史时间段内的历史曲线。

一个趋势画面窗口最多可以同时显示 8 个监视量的趋势，以便比较。

操作员可选择趋势画面窗口中任意一条曲线，完成放大、缩小、上移、下移等操作，坐标刻度值会随之改变。

操作员可以在线定义/修改每个趋势画面窗口显示的监视点，并且可以将这些监视点以分组的形式保存起来，按照趋势组的形式进行调用。

模拟量趋势记录图、测量值或者状态可在操作员站上实时显示。

可以多窗口同时显示趋势记录图。每个趋势记录图以不同的颜色显示（或打印）。

4）操作记录

对于任何控制操作，无论执行是否成功，都会有操作记录（包括操作员标识、操作位置、控制对象、命令发出时间、遥控性质、执行结果等），并可在事件打印机上打印。

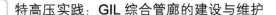

操作记录至少保留 13 个月。

5）历史数据

监控中心操作员站能够从具有大存储量的设备中查询历史数据，并进行离线分析，还可以重新构建历史事件。操作员站具有相关的软件工具和功能，可以按照年、月、日、具体时间、设备类型、数据类型、设备地理位置等生成和打印报表。系统可对历史数据记录进行分析和统计及导出或备份，以趋势或数值等方式显示。

监控中心保存过去 13 个月的历史数据。

9．联动功能

为了提高生产效率和保证生产安全，系统具有在线自定义联动功能，以及在定义好的联动发生时，按照预先设定的规则执行的功能。

系统汇集各设备的信息，实现设备之间与安全无关的信息的互通和联动。与安全相关的信息的传递仍依靠底层系统之间的安全信息通道实现。

系统联动分为全自动联动、半自动联动和手动联动 3 种。系统的联动功能是安全保障的核心，是缩短救援时间、减少损失、降低事故影响至关重要的一环，能够简化各子系统之间的联系。

具体的系统联动功能（包括但不限于）如下。

（1）通风系统监控联动。

（2）火灾监控联动。

（3）环境与设备监控联动。

（4）安防系统监控联动。

（5）应急疏散与应急避难联动。

（6）人员定位及智能巡检系统联动。

10．冗余管理

软件平台支持主要核心设备采用冗余配置，实现自动冗余切换，主要包括以下内容。

（1）保证设备间数据一致。

（2）在切换过程中，保证不发生数据丢失的情况。

（3）采用冗余配置的服务器、交换机和前置处理器等设备的任意模块发生故障，不会影响其他模块的正常工作。

（4）能监视相关接口的冗余状态，某个接口的设备切换不会影响与其他接口的通信。

（5）采用冗余配置的交换机、前置处理器等设备（冗余接口设备）能实现到端口的冗余切换功能。接入系统的接口设备的自身冗余切换不会导致冗余接口设备的频繁切换。

（6）服务器、前置处理器、工作站等能支持双网工作，在发生单网故障时，能自动诊断网络故障并自动切换网络。

11．配置管理

由基本系统和应用配置组态共同实现用户所需的功能，系统提供应用配置组态工具，包括但不限于以下工具。

（1）系统诊断工具：进行在线系统诊断，可以获取计算机和网络设备的运行状态，查询设备的报警信息，辅助维护人员发现故障。

（2）权限管理工具：调整操作人员的操作范围、操作权限，允许增加、修改、删除操作类别、操作员、口令等内容，权限管理工具适用于任意操作员站。

（3）通信接口组态工具：用于配置各种子系统的接口，包括通信端口、协议、数据格式等。

（4）实时数据库组态工具：用于增加、插入、删除系统数据点或修改数据点的属性，包括外部通信点、物理点、内部中间点和计算点等。

（5）历史数据库组态工具：从实时数据库中选择系统需要记录的历史数据点，并设定记录的时间间隔、统计方式等。

（6）图形界面组态工具：用于图形画面的生成和编辑修改，提供绘图工具（用于绘制各种图形元素），确定动态图形对象与数据库数据对象的关联，并提供脚本语言来实现图形对象的相互关联。

（7）算法组态工具：提供多种组态语言，如公式编辑器、功能块图等，用于生成各种联动连锁关系及闭环控制、逻辑控制、统计运算、算术运算等算法，并确定运算周期和触发条件。

（8）报表组态工具：提供图形化的格式和数据定义工具，用于报表格式的绘制和统计数据的定义。

（9）趋势组态工具：用于定义趋势组的点名称和点数量，确定记录的周期、长度等。

系统配置组态工具具有协同工作、分期实施和版本管理等功能。

组态配置的修改分为离线修改和在线下装，离线修改不影响系统的正常运行；在线下装可保证对系统的运行影响最小。对于需求变化较大的组态数据，如图形、算法等，进行在线下装，避免中断系统的运行。

图形界面支持第三方组件的嵌入，可调用第三方组件的属性、方法，可触发第三方组件的事件响应。

参 考 文 献

[1] 孙岗，李浩磊，张鹏飞，等. 苏通 GIL 综合管廊 SF$_6$ 气体排除方案研究[J]. 电力勘察设计，2020，10：66-70.

[2] 邱灏，邓志辉，袁艳平，等. 通风形式对综合管廊内空气温度影响的研究[J]. 制冷与空调，2018，32(6)：668-672.

[3] 王哲蓓，牛洪梅，蔡丹，等. 一种过江 GIL 管廊通风系统控制策略研究[J]. 工业控制计算机，2020，33(11)：72-73.

[4] 王振琴，曹正第，王娜. GIL 管廊通风温度场研究[J]. 高压电器，2020，56(7)：128-132.

[5] 付祥钊，肖益民. 流体输配管网[M]. 北京：中国建筑工业出版社，2018.

[6] 张正维. 超长 GIL 管廊排热通风研究[J]. 建筑热能通风空调，2018，37(4)：76-78.

[7] 董志周，许建华，王斌，等. 长距离大断面电力电缆隧道通风设计探讨[J]. 华东电力，2009，37(11)：1909-1911.

[8] 李红雷，俞瑾华，蒋晓娟，等. 城市管廊中电缆线路运行热环境研究[J]. 电网与清洁能源，2017，33(7)：85-89.

[9] 廉乐明，谭羽非，吴家正，等. 工程热力学（第五版）[M]. 北京：中国建筑工业出版社，2007.

[10] 蔡增基，龙天渝. 流体力学——泵与风机[M]. 北京：中国建筑工业出版社，2009.

[11] 朱虹霖. 城市电力电缆隧道建设前景[J]. 电子世界，2013(24)：1.

[12] 费斐. 上海市电力隧道监控系统的研究[D]. 上海：上海交通大学，2007.

[13] 刘益平，任亚群. 城市电力隧道建设前景分析[J]. 输配电及电力系统论文集，2009(5):101-103.

[14] 刘兴军，卢伟强，蒋岭. 浅述国内外电缆隧道规划建设现状[J]. 城市建设理论研究，2012(15):1-6.

[15] 李栋，张云明. 智慧消防的发展与研究现状[J]. 软件工程与应用，2019，8(2)：52-57.

[16] 国网江苏省电力工程咨询有限公司. 苏通 GIL 综合管廊工程实践[M]. 北京：中国电力出版社，2019.